河南省“十四五”普通高等教育规划教材
高等学校计算机教育信息素养系列教材

计算机应用基础上机指导

刘彩霞 毛建景 ◎ 主编

人民邮电出版社
北京

图书在版编目（CIP）数据

计算机应用基础上机指导 / 刘彩霞，毛建景主编
. -- 北京 : 人民邮电出版社，2021.9（2023.8重印）
高等学校计算机教育信息素养系列教材
ISBN 978-7-115-57195-3

Ⅰ．①计… Ⅱ．①刘… ②毛… Ⅲ．①电子计算机－高等学校－教学参考资料 Ⅳ．①TP3

中国版本图书馆CIP数据核字(2021)第171866号

内 容 提 要

本书根据教育部高等学校大学计算机课程教学指导委员会关于推进新时代高校计算机基础教学改革的有关精神，在应用型本科院校人才培养关于"计算机应用基础"课程的教学实践和调查研究的基础上编写完成，是《计算机应用基础》的配套上机指导教材。

本书主要内容包括计算机基础知识、Windows 10 操作系统、使用 Word 2016 制作文档、使用 Excel 2016 制作电子表格、使用 PowerPoint 2016 制作演示文稿、数据库设计基础、计算机网络与 Internet 基础和常用工具软件等相关实验。

本书可作为高等院校非计算机专业"大学计算机基础"课程的实践指导教材，也可供计算机爱好者和初学者学习使用。

◆ 主　　编　刘彩霞　毛建景
责任编辑　张　斌
责任印制　王　郁　马振武

◆ 人民邮电出版社出版发行　　北京市丰台区成寿寺路 11 号
邮编　100164　　电子邮件　315@ptpress.com.cn
网址　https://www.ptpress.com.cn
北京市艺辉印刷有限公司印刷

◆ 开本：787×1092　1/16
印张：7.5　　2021 年 9 月第 1 版
字数：189 千字　　2023 年 8 月北京第 3 次印刷

定价：26.80 元

读者服务热线：(010)81055256　印装质量热线：(010)81055316
反盗版热线：(010)81055315
广告经营许可证：京东市监广登字 20170147 号

前言 PREFACE

随着计算机技术的飞速发展，计算机在经济与社会发展中的地位日益重要。针对计算机科学发展迅速的特点，高等院校的计算机教育应面向社会、面向应用，与社会接轨、与时代同行。

为了使学生更符合新时代对人才的知识结构、计算机文化素质与应用技能的要求，我们根据教育部高等学校大学计算机课程教学指导委员会关于推进新时代高校计算机基础教学改革的有关精神，在应用型本科院校人才培养关于“计算机应用基础”课程的教学实践和多年组织计算机等级考试的经验基础上编写了本书。本书的编写既考虑到计算机基础教育的基础性、广泛性和一定的理论性，又兼顾了计算机教育的实践性、实用性和更新发展。

本书是毛建景、刘彩霞主编的《计算机应用基础》配套的上机指导教材，内容涵盖实验操作的方法和步骤。学生通过学习本书，可以掌握应用计算机的基本方法和技能，提高动手操作的应用能力和利用计算机解决实际问题的能力。

本书结构严谨，层次分明，内容系统、丰富，各高校可根据教学学时、学生的实际情况进行实验项目的选取。

本书由郑州工业应用技术学院刘彩霞、毛建景任主编，并负责策划和审阅通稿。

鉴于编者水平所限，书中难免存在不足之处，请广大读者批评指正。

编者

2021 年 4 月

目录 CONTENTS

第1章　计算机基础知识……1

实验一　键盘及指法练习……1

一、实验目的……1

二、相关知识……1

三、实验范例……4

四、实验要求……4

实验二　计算机硬件的组成与安装……5

一、实验目的……5

二、相关知识……5

三、实验要求……9

第2章　Windows 10 操作系统……10

实验一　Windows 10 的基本操作……10

一、实验目的……10

二、相关知识……10

三、实验范例……12

四、实验要求……16

实验二　Windows 10 的高级操作……23

一、实验目的……23

二、相关知识……24

三、实验范例……25

四、实验要求……26

第3章　使用 Word 2016 制作文档……30

实验一　文档的创建与排版……30

一、实验目的……30

二、相关知识……30

三、实验范例……31

四、实验要求……34

实验二　表格制作……36

一、实验目的……36

二、相关知识……36

三、实验范例……37

四、实验要求……39

实验三　图文混排……41

一、实验目的……41

二、相关知识……42

三、实验范例……44

四、实验要求……46

第4章　使用 Excel 2016 制作电子表格……48

实验一　工作表的创建与格式编排……48

一、实验目的……48

二、相关知识……48

三、实验范例……50

四、实验要求……52

实验二　公式与函数的应用……53

一、实验目的……53

二、相关知识……53

三、实验范例……54

四、实验要求……55

实验三　数据分析与图表创建……56

一、实验目的……56

二、相关知识……56

三、实验范例……58

四、实验要求……59

第 5 章 使用 PowerPoint 2016 制作演示文稿 …61

实验一 演示文稿的创建与修饰 …………61
一、实验目的 ……………………61
二、相关知识 ……………………61
三、实验范例 ……………………62
四、实验要求 ……………………67
实验二 动画效果设置……………………68
一、实验目的 ……………………68
二、相关知识 ……………………68
三、实验范例 ……………………69
四、实验要求 ……………………70

第 6 章 数据库设计基础 ……… 72

实验一 数据库和表的创建 ……………72
一、实验目的 ……………………72
二、相关知识 ……………………72
三、实验范例 ……………………74
四、实验要求 ……………………77
实验二 数据表的查询……………………77
一、实验目的 ……………………77
二、相关知识 ……………………77
三、实验范例 ……………………78
四、实验要求 ……………………80

第 7 章 计算机网络与 Internet 基础……………………………81

实验一 Internet 的接入与 IE 浏览器的使用 ……………………………… 81
一、实验目的……………………………81
二、实验要求……………………………81
实验二 电子邮箱的收发与设置 ………… 87
一、实验目的……………………………87
二、实验要求……………………………87

第 8 章 常用工具软件 ………… 91

实验一 文件压缩与加密 ………………… 91
一、实验目的……………………………91
二、实验要求……………………………91
实验二 计算机查毒与杀毒……………… 96
一、实验目的……………………………96
二、实验要求……………………………96
实验三 图片浏览管理……………………101
一、实验目的……………………………101
二、实验要求……………………………101
实验四 中英文翻译………………………106
一、实验目的……………………………106
二、实验要求……………………………106
实验五 数据刻录 ………………………108
一、实验目的……………………………108
二、实验要求……………………………108

01

第 1 章　计算机基础知识

实验一　键盘及指法练习

一、实验目的

- 熟悉键盘的构成，以及各键的功能和作用。
- 了解键盘的键位并掌握正确的指法。
- 掌握指法练习软件“金山打字通”的使用方法。

二、相关知识

1. 键盘

键盘是用户向计算机输入数据和命令的工具。随着计算机技术的发展，计算机输入设备的种类越来越多，但键盘始终占据着主导地位。正确地掌握键盘的使用方法，是学好计算机操作的第一步。计算机的键盘通常分 5 个区域：主键盘区、功能键区、编辑键区、小键盘区（辅助键区）和状态指示区，如图 1-1 所示。

图 1-1　键盘示意图

（1）主键盘区

① 字母键：字母键位于主键盘区的中心区域，按下字母键，屏幕上就会出现对应的字母。

② 数字键：数字键位于主键盘区上面第一排，按下数字键，可输入数字；按住<Shift>键不放，再按数字键，可输入数字键中数字上方的符号。

③ <Tab>键（制表键）：每按此键一次，光标就后移固定的字符位（通常为 8 个字符）。

④ <Caps Lock>键（大小写转换键）：输入字母为小写状态时，按一次此键，状态指示区中的 Caps Lock 指示灯亮，输入字母切换为大写状态；若再按一次此键，指示灯熄灭，输入字母切换为小写状态。

⑤ <Shift>键（上挡键）：有的键的键面有上、下两个字符，称为双字符键，当单独按这些键时，输入下挡字符；若先按住<Shift>键不放，再按双字符键，则输入上挡字符。

⑥ <Ctrl>键、<Alt>键（控制键）：<Ctrl>键和<Alt>键可以与其他键配合使用实现特殊功能。

⑦ <Space>键（空格键）：每按此键一次就会产生一个空格。

⑧ <Backspace>键（退格键←）：每按此键一次就会删除光标左侧的一个字符，同时光标左移一个字符位。

⑨ <Enter>键（回车换行键）：每按此键一次就会使光标下移一行。

（2）功能键区

① <F1>～<F12>键（功能键）：功能键位于键盘上方，用以实现常用的操作命令，不同的软件中功能键有不同的定义。例如，<F1>键通常被定义为实现帮助功能。

② <Esc>键（退出键）：按下此键可放弃当前操作，如输入汉字时可取消没有输完的汉字。

③ <Print Screen>键（打印键/拷屏键）：按此键可将整个屏幕复制到剪贴板；按<Alt> + <Print Screen>组合键可将当前活动窗口复制到剪贴板。

④ <Scroll Lock>键（滚动锁定键）：该键在使用 DOS 系统时用处很大，用户在阅读文档时，使用该键能非常方便地翻滚页面。进入 Windows 时代后，<Scroll Lock>键的作用越来越小。不过在 Excel 软件中，利用该键可以在使用翻页键（如<PgUp>和<PgDn>）时只滚动页面而令选定的单元格区域不发生变化。

⑤ <Pause Break>键（暂停键）：<Pause Break>键用于暂停执行程序或命令，按任意字符键后，程序或命令继续执行。

（3）编辑键区

① <Ins>/<Insert>键（插入/改写转换键）：按下此键，可以转换插入/改写状态，实现在光标左侧插入字符或覆盖光标右侧字符。

② <Del>/<Delete>键（删除键）：按下此键，可以删除光标右侧的字符。

③ <Home>键（行首键）：按下此键，光标移到行首。

④ <End>键（行尾键）：按下此键，光标移到行尾。

⑤ <PgUp>/<PageUp>键（向上翻页键）：按下此键，光标定位到当前页的上一页。

⑥ <PgDn>/<PageDown>键（向下翻页键）：按下此键，光标定位到当前页的下一页。

⑦ <←>、<→>、<↑>、<↓>键（光标移动键）：按下各键可以分别使光标向左、向右、向上、向下移动。

（4）小键盘区（辅助键区）

小键盘区各键既可作为数字键，又可作为编辑键，两种状态的转换由该区域左上角的数字锁定转换键<Num Lock>控制。当 Num Lock 指示灯亮时，该区处于数字键状态，可输入数字和运算符号；当 Num Lock 指示灯灭时，该区处于编辑键状态，用户可利用小键盘的按键移动光标、翻页、插入和删除字符等。

（5）状态指示区

状态指示区包括 Num Lock 指示灯、Caps Lock 指示灯和 Scroll Lock 指示灯。根据相应指示灯的亮灭，可判断出数字小键盘状态、字母大小写状态和滚动锁定状态。

2. **键盘指法**

（1）基准键与手指的对应关系

基准键与手指的对应关系如图 1-2 所示。

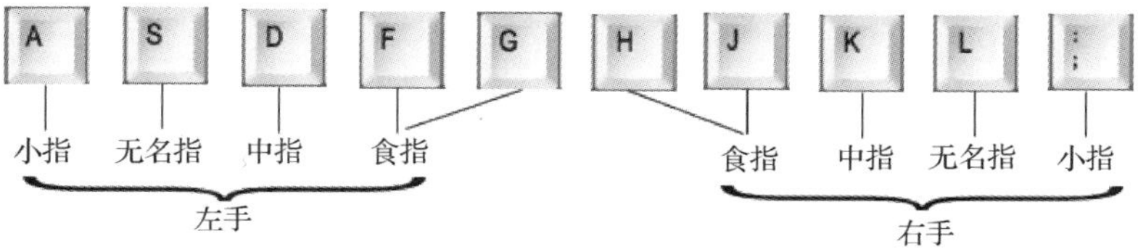

图 1-2　基准键与手指的对应关系

基准键位：字母键第二排的<A>、<S>、<D>、<F>、<J>、<K>、<L>、<;>8 个键为基准键位。

（2）键位的指法分区

在基准键的基础上，其他字母键、数字键和符号键与 8 个基准键相对应，指法分区如图 1-3 所示。虚线范围内的键位由规定的手指管理和击键，左、右两侧的剩余键分别由左、右手的小拇指来管理和击键，空格键由大拇指负责击键。

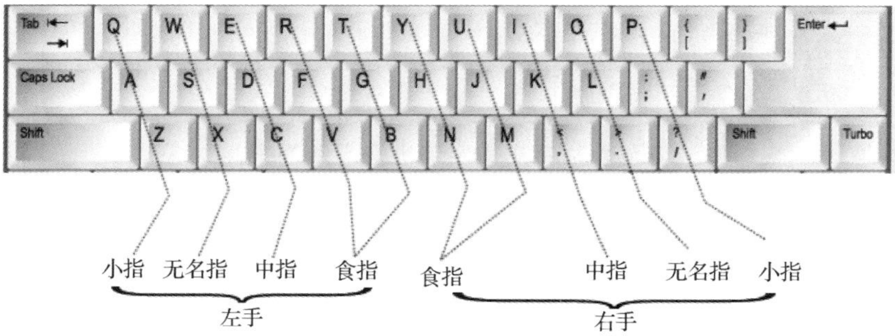

图 1-3　键位的指法分区

（3）击键方法

① 手腕平直，保持手臂静止，击键动作仅限于手指。

② 手指略微弯曲，微微拱起，以<F>与<J>键键面上的凸出横条为识别记号，将左、右手的食指、中指、无名指、小指依次置于基准键位上，大拇指则轻放于空格键上，在输入其他键后将手指重新放回基准键位。

③ 输入时，伸出手指敲击按键，之后手指迅速回归基准键位，做好下次击键的准备。如需按空格键，则用大拇指向下轻击；如需按<Enter>键，则向右侧伸出右手小指轻击。

④ 输入时，目光应集中在稿件上，凭手指的触摸确定键位，初学时尤其不要养成用眼睛确定键位的习惯。

3. **指法练习**

打字练习软件的作用是通过软件中设置的多种打字练习方式，锻炼练习者由记忆键位到输入文章，并使练习者掌握标准键位指法，提高打字速度。目前市面上的打字软件较多，本章仅以“金山打字通”为例做简要介绍，说明打字软件的使用方法，如使用其他打字软件，可根据指导老师的介绍使用。

三、实验范例

打开“金山打字通”软件，显示图 1-4 所示的主界面。该软件提供了英文打字、拼音打字、五笔打字 3 种主流输入法的针对性学习模块，用户可以测试打字速度、运行打字游戏等。每种输入法练习均从最简单的字母或字根开始，逐渐过渡到词组和文章的练习，为初学者提供了一个从易到难的学习过程。

图 1-4　金山打字通主界面

单击“新手入门”按钮，打开“打字常识”的练习界面，如图 1-5 所示。用户可根据程序要求，运用键盘进行键位指法练习，熟练完成练习内容后，可选择预先设置的课程内容进行练习。

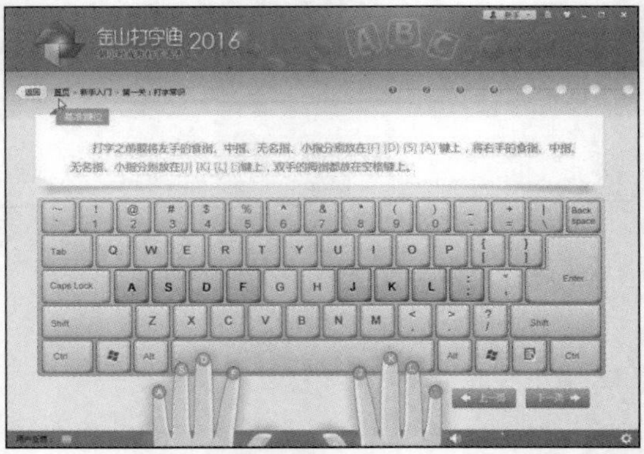

图 1-5　“金山打字通”指法练习界面

四、实验要求

使用“金山打字通”指法练习软件进行打字练习，要求从基准键开始，在保证输入正确的同时兼顾速度，循序渐进，直至熟练掌握盲打并可以快速输入。

任务一　熟悉基准键位

打开“金山打字通”软件，单击“新手入门”按钮，进入“字母键位”练习界面。进行基准键位<A>、<S>、<D>、<F>、<J>、<K>、<L>、<;>的初级练习。

任务二　熟悉数字键位和符号键位

打开“金山打字通”软件，单击“新手入门”按钮，进入“数字键位”和“符号键位”练习界面，进行数字键位和符号键位的练习。

任务三　单词输入练习

打开“金山打字通”软件，单击“英文打字”按钮，进入“单词练习”练习界面，按照程序要求进行单词输入练习。

任务四　语句和文章输入练习

打开“金山打字通”软件，单击“英文打字”按钮，进入“语句练习”练习界面，按照程序要求进行语句输入练习。熟练掌握后，可进入“文章练习”练习界面，按照程序要求进行文章输入练习。

熟悉英文打字后，可选择“拼音打字”或“五笔打字”进行相应练习。

实验二　计算机硬件的组成与安装

一、实验目的

- 认识计算机的基本硬件及组成部件。
- 了解各硬件的基本功能。
- 掌握计算机硬件的安装过程。

二、相关知识

1. 硬件的基本配置

计算机的硬件系统主要由主机、显示器、键盘和鼠标组成。具有多媒体功能的计算机配有音箱、话筒等。除此之外，计算机还可外接打印机、扫描仪、数码相机等设备。

计算机的主板（见图 1-6）、电源、中央处理器（Central Processing Unit，CPU）、内存、硬盘、各种插卡（如显卡、声卡、网卡）等主要部件都安装在机箱中。机箱的前面板上有一些按钮和指示灯，有的还有一些接口；机箱背面也有接口。

图 1-6　计算机主板

2. 硬件的安装

首先在机箱内安装电源，之后在主板的对应插槽里安装 CPU 和内存，然后把主板安装在机箱内，再安装光驱、硬盘，接着安装显卡、声卡、网卡等（有些主板或 CPU 已经集成相关功能，无须安装），并连接机箱内的接线，如图 1-7 所示。最后连接外部设备，如显示器、鼠标、键盘等。具体安装步骤如下。

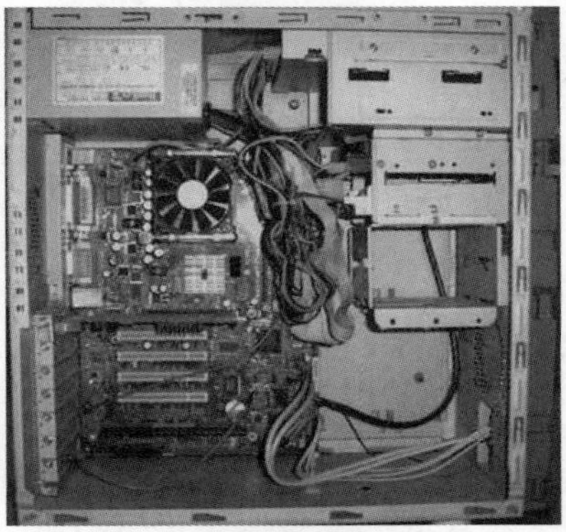

图 1-7　计算机主机箱内部

（1）安装电源

把电源（见图 1-8）放在机箱的电源固定架上，使电源上的螺孔和机箱上的螺孔一一对应，然后拧上螺丝。

图 1-8　电源

（2）安装 CPU

将主板平置，把 CPU（见图 1-9 和图 1-10）插入 CPU 插槽。常见的 CPU 插槽是一个布满均匀圆形小孔的方形插槽，根据 CPU 的针脚和 CPU 插槽上插孔的位置确定 CPU 的安装方向。拉起 CPU 插槽边上的拉杆，将 CPU 的针脚位置对准 CPU 插槽相应位置，待 CPU 针脚完全放入后，按下拉杆至水平方向，锁紧 CPU。之后在 CPU 上涂抹散热硅胶并安装风扇散热器，然后将风扇电源线插头插到主板的 CPU 风扇插座上。

图 1-9　CPU 正面

图 1-10　CPU 背面

（3）安装内存

内存（见图 1-11）插槽是长条形的插槽，内存插槽中间有一个用于定位的凸起部分，按照内存插槽上的缺口位置将内存压入内存插槽，使插槽两端的卡子完全卡住内存。

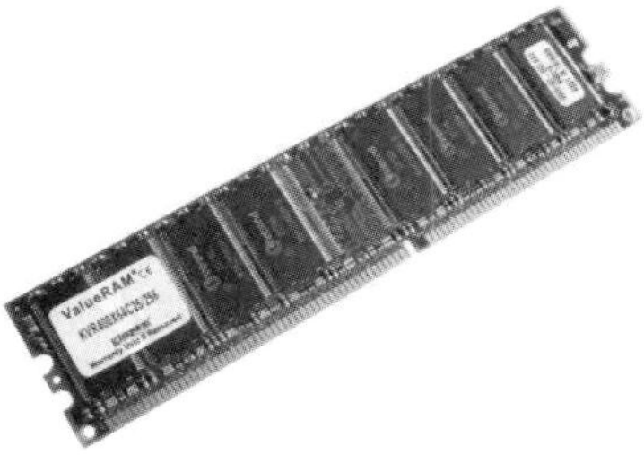

图 1-11　内存

（4）安装主板

首先将机箱自带的金属螺丝拧入主板支撑板的螺孔中，然后将主板放入机箱，注意主板上的固定孔对准拧入的螺柱，主板的接口区对准机箱背板的对应接口孔，边调整位置边依次拧紧螺丝固定主板。

（5）安装光驱、硬盘

拆下机箱前部与要安装光驱位置对应的挡板，将光驱（见图 1-12）从前面板平行推入机箱内部，边调整位置边拧紧螺丝，把光驱固定在托架上。使用同样的方法从机箱内部将硬盘（见图 1-13）推入并固定于托架上。固态硬盘的安装与机械硬盘略有不同，在此不再详述。

图 1-12　光驱

图 1-13　硬盘

（6）安装显卡、声卡、网卡等各种板卡

根据显卡（见图 1-14）、声卡（见图 1-15）、网卡（见图 1-16）等板卡的接口（PCI 接口、PCI-E 接口等）确定不同板卡对应的插槽（PCI 插槽、PCI-E 插槽等），取下机箱内部与插槽对应的金属挡片，将相应板卡插脚对准对应插槽，板卡挡板对准机箱内挡片孔，用力将板卡压入插槽中并拧紧螺丝，将板卡固定在机箱上。

图 1-14　显卡

图 1-15　声卡

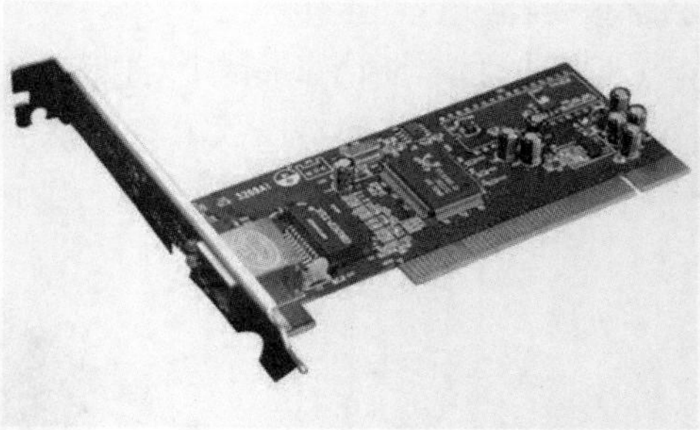

图 1-16　网卡

（7）连接机箱内部连线

① 连接主板电源线：把电源上的供电插头（20 芯或 24 芯）插入主板对应的电源插槽中。电源插头设计有一个防止插反和起固定作用的卡扣，连接时，注意保持卡扣和卡座朝同一方向。为了对 CPU 提供更强更稳定的电压，目前的主板会提供一个给 CPU 单独供电的接口（4 针、6 针或 8 针），连接时，把电源上的插头插入主板 CPU 附近对应的电源插座上。

② 连接主板上的数据线和电源线：包括硬盘、光驱等的数据线和电源线。

- 硬盘的数据线（见图 1-17）。目前主流的硬盘数据线是 SATA 硬盘采用的 7 芯数据线，接头是 L 形防呆插头，这种设计可识别接头的插入方向。将数据线上的一个插头插入主板上的 SATA 插座，将数据线另一端插头插入硬盘的数据接口中，插入方向由插头上的 L 形定位。另外，目前常见的固态硬盘的接口有些与 SATA 硬盘的接口不同，需要主板提供相关的支持，在此不再详述。
- 光驱的数据线连接方法与硬盘数据线连接方法相同，把数据线插到主板的 SATA 插座上即可。
- 硬盘、光驱的电源线（见图 1-18）。把电源提供的电源线插头分别插到硬盘和光驱上。电源插头都是防呆设计的，只有方向正确才能插入，因此不用担心插反。

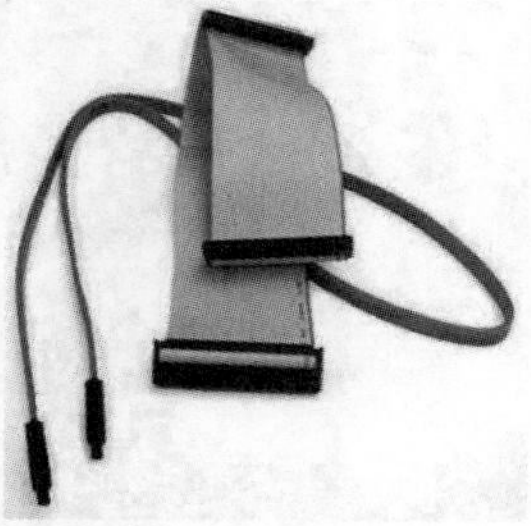

图 1-17　数据线

图 1-18　电源线

③ 连接主板信号线和控制线：包括开机信号线（POWER SW）、电源指示灯线（POWER LED）、硬盘指示灯线（H.D.D LED）、复位信号线（RESET SW）、前置报警喇叭线（SPEAKER）等（见图 1-19）。把信号线插头分别插到主板上对应的插针上（一般在主板边沿处，并有相应标示）。其中，电源开关线和复位按钮线没有正负极之分；前置报警喇叭线是 4 针结构，红线为+5V 供电线，与主板上的+5V 接口对应；硬盘指示灯和电源指示灯区分正负极，一般情况下，红色代表正极。

（8）连接外部设备

① 连接显示器：把视频信号线连接到主机背部面板（见图 1-20）的视频信号接口上（如

果是集成显卡，该接口在 I/O 接口区；如果是独立显卡，该接口在显卡挡板上），之后连接显示器电源线。

图 1-19　主板信号线和控制线

图 1-20　主机背部面板

② 连接键盘和鼠标：键盘、鼠标 PS/2 接口位于机箱背部 I/O 接口区。连接时可根据插头、插槽颜色和图形标示来区分，紫色为键盘接口，绿色为鼠标接口。带有 USB 的键盘和鼠标插到任意一个 USB 接口上都可以。

③ 连接音箱/耳机：独立声卡或集成声卡通常有线路输入（LINE IN）、话筒输入（MIC IN）、扬声器输出（SPEAKER OUT）、线路输出（LINE OUT）等插孔。若外接有源音箱，可将其接到 LINE OUT 插孔，也可接到 SPEAKER OUT 插孔。耳机可接到 SPEAKER OUT 插孔或 LINE OUT 插孔。

以上步骤完成后，计算机的硬件部分就基本安装完毕了。

三、实验要求

观察计算机的组成；掌握主板各部件的名称、功能等知识；了解主板上常用接口的功能、外观形状、颜色、插针数和防插反措施；熟悉常用外部设备的连接方法，注意区分不同设备的接口颜色和形状。

02 第2章 Windows 10 操作系统

实验一 Windows 10 的基本操作

一、实验目的

- 认识 Windows 10 桌面环境及其组成。
- 掌握鼠标的操作及使用方法。
- 熟练掌握任务栏和“开始”菜单的基本操作方法、Windows 10 窗口操作方法、管理文件和文件夹的方法。
- 掌握 Windows 10 中文件管理系统——库的使用方法。
- 掌握启动应用程序的常用方法。
- 掌握中文输入法及系统日期/时间的设置方法。
- 掌握 Windows 10 中附件的使用方法。

二、相关知识

1. Windows 10 **桌面**

“桌面”指用户启动计算机登录到系统后看到的整个屏幕界面，如图 2-1 所示。它是用户和计算机进行交流的窗口，可以放置用户经常使用的应用程序和文件夹图标。用户可以根据自己的需要在桌面上添加各种快捷图标，在使用时双击图标就能够快速启动相应的程序或打开文件。用户可以以 Windows 10 桌面为起点，有效地管理自己的计算机。

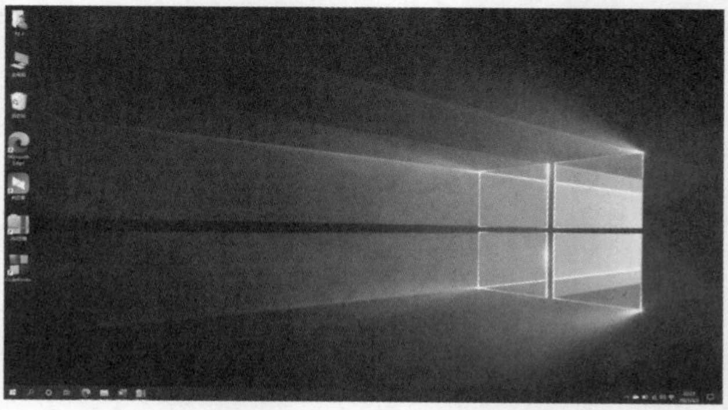

图 2-1 Windows 10 桌面

第一次启动 Windows 10 时，桌面上只有“回收站”图标。桌面最下方的小长条是 Windows 10 的任务栏，它显示系统正在运行的程序和当前时间等内容，用户也可以对它进行一系列的设置。任务栏的左端是“开始”按钮，右侧是语言栏、工具栏、通知区域、时钟区等，最右端为显示桌面按钮，中间是应用程序按钮分布区，如图 2-2 所示。

图 2-2　Windows 10 任务栏

单击任务栏中的“开始”按钮可以打开“开始”菜单，“开始”菜单左边是常用程序的快捷启动程序列表，右边为系统工具和文件管理工具列表。在 Windows 10 中，用户可以直接通过鼠标把程序拖动到任务栏上快速启动。应用程序按钮分布区表明当前正在运行的应用程序和打开的窗口；语言栏便于用户快速选择各种语言输入法，语言栏可以最小化在任务栏显示，也可以还原，独立于任务栏之外；工具栏显示用户添加到任务栏上的工具，如地址、链接等。

2. **驱动器、文件和文件夹**

驱动器是通过某种文件系统格式化并带有一个标识名的存储区域，存储区域可以是可移动硬盘、光盘、硬盘等。驱动器的名字是用单个英文字母表示的，当有多个硬盘或一个硬盘被划分成多个分区时，它们通常按字母顺序被依次标识为 C、D、E 等。

文件是有名称的一组相关信息的集合，程序和数据都以文件的形式存放在计算机的硬盘中。每个文件都有一个文件名，文件名由主文件名和扩展名两部分组成，操作系统通过文件名对文件进行存取。

文件夹是文件分类存储的“抽屉”，它可以分门别类地管理文件。文件夹也用图标显示，包含不同内容的文件夹，在显示时的图标是不太一样的。Windows 10 中的文件、文件夹的组织结构是树形结构，即一个文件夹可以包含多个文件和文件夹，但一个文件或文件夹只能属于一个文件夹。

3. **资源管理器**

资源管理器（见图 2-3）是 Windows 10 提供的资源管理工具，用户可以用它查看计算机的所有资源，特别是它提供的树形文件系统结构，能让用户更清楚、更直观地查看和使用文件和文件夹。

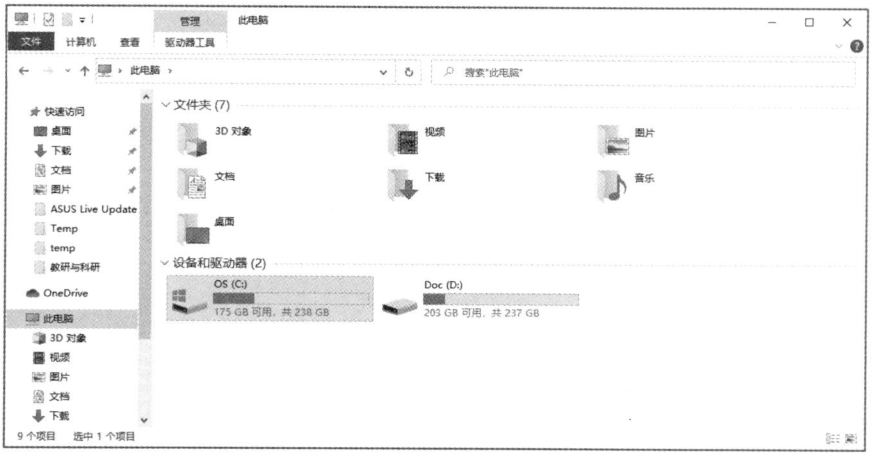

图 2-3　资源管理器

鼠标右键单击“开始”按钮，在弹出的快捷菜单中选择“文件资源管理器”，或双击桌面上的“此电脑”图标都可以打开“资源管理器”窗口。资源管理器主要由地址栏、搜索栏、工具栏、导航窗格、资源管理窗格、预览窗格和细节窗格等部分组成。导航窗格能够辅助用户在磁盘、库中切换；预览窗格在默认情况下不显示，用户可以通过单击工具栏右端的“显示/隐藏预览窗格”按钮来显示或隐藏预览窗格；资源管理窗格是用户进行操作的主要地方，用户可在此进行选择、打开、复制、移动、创建、删除、重命名等操作，同时，资源管理窗格的上部会显示不同的相关操作。

三、实验范例

1. Windows 10 中鼠标的基本操作

（1）指向：移动鼠标，将鼠标指针移到操作对象上，通常会激活对象或显示该对象的有关提示信息。

操作举例：将鼠标指针移向桌面上的“此电脑”图标，如图 2-4 所示。

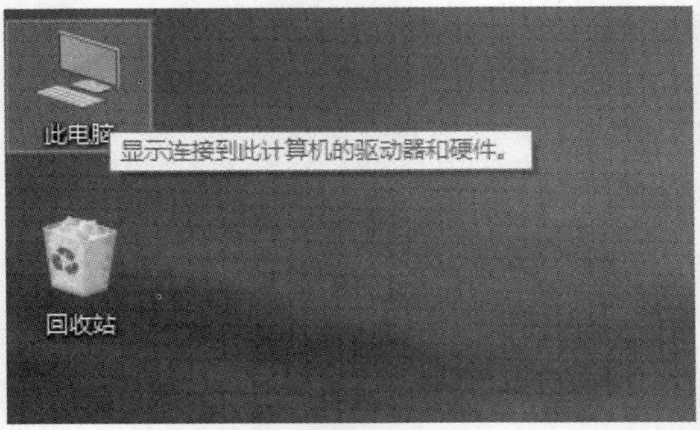

图 2-4　鼠标的指向操作

（2）单击左键：快速按下并释放鼠标左键，用于选定操作对象。

操作举例：在“此电脑”图标上单击鼠标左键，选中“此电脑”，如图 2-5 所示。

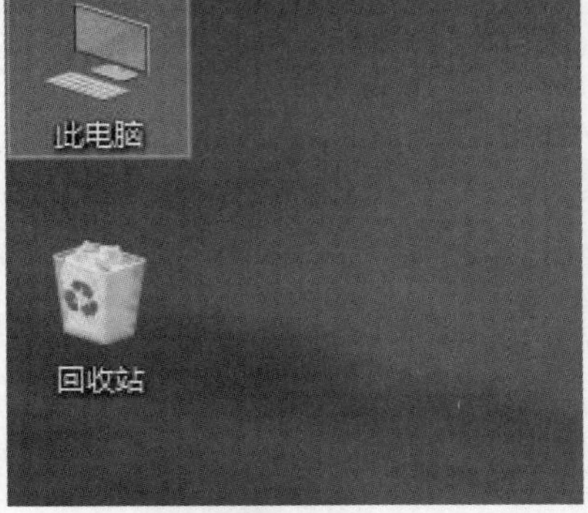

图 2-5　单击鼠标左键操作

（3）单击右键：快速按下并释放鼠标右键，用于打开相关的快捷菜单。

操作举例：在“此电脑”图标上单击鼠标右键，弹出快捷菜单，如图 2-6 所示。

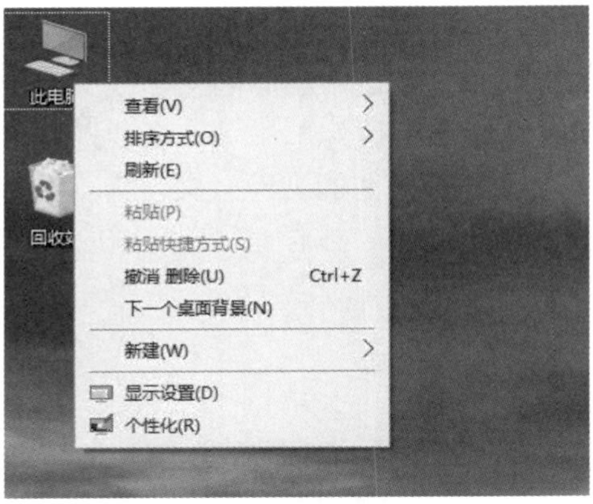

图 2-6　单击鼠标右键操作

（4）双击：连续两次快速单击鼠标左键，用于打开窗口或启动应用程序。

操作举例：在“此电脑”图标上双击鼠标，观察操作系统的响应。

（5）拖动：将鼠标指针指向操作对象单击左键并按住不放，将操作对象移到指定位置再释放按键。该操作用于复制或移动操作对象等。

操作举例：把“此电脑”图标拖动到桌面的其他位置，操作过程中图标的变化如图 2-7 所示。

图 2-7　鼠标的拖动操作

2. 执行应用程序的方法

方法一：对于 Windows 10 自带的应用程序，可通过单击“开始”按钮，再选择相应的程序选项来执行。

方法二：在“此电脑”中找到要执行的应用程序，用鼠标双击（可以选中之后按<Enter>键；也可用鼠标右键单击程序文件，在弹出的快捷菜单中选择“打开”命令）。

方法三：双击应用程序对应的快捷方式图标。

方法四：单击“开始”→“运行”，在命令框中输入相应的命令后单击“确定”按钮。

3. 启动“资源管理器”的方法

方法一：双击桌面上的“此电脑”图标。

方法二：按<Windows>（键盘上有视窗图标的键）+<E>组合键。

方法三：用鼠标右键单击“开始”按钮，选择“文件资源管理器”。

“此电脑”和“资源管理器”在 Windows 10 中有着统一的操作界面和统一的操作方法。“此电脑”默认的打开窗口和“资源管理器”默认的打开窗口是一样的。

4. 文件或文件夹的选取

（1）选择单个文件或文件夹：用鼠标单击相应的文件或文件夹图标。

（2）选择连续多个文件或文件夹：用鼠标单击第一个要选定的文件或文件夹，然后在按住<Shift>键的同时单击最后一个，则它们之间的文件或文件夹就都被选中了。

（3）选择不连续的多个文件或文件夹：按住<Ctrl>键不放，同时用鼠标单击其他待选定的文件或文件夹即可。

5. Windows 窗口的基本操作

（1）窗口的最小化、最大化、关闭

① 打开“资源管理器”窗口，单击窗口右上角的“最小化”按钮[–]，则“资源管理器”窗口最小化为任务栏上的一个图标。

② 打开“资源管理器”窗口，单击窗口右上角的“最大化”按钮[□]，则“资源管理器”窗口最大化占满整个桌面，此时“最大化”按钮变为“还原”按钮[❐]。

③ 打开“资源管理器”窗口，单击窗口右上角的“关闭”按钮[×]，则“资源管理器”窗口被关闭。

（2）排列与切换窗口

① 任意打开两个不同的文件夹，在桌面上同时显示这两个窗口。

② 用鼠标右键单击任务栏空白区域，打开任务栏快捷菜单。

③ 选择任务栏快捷菜单中的“层叠窗口”命令，可将所有打开的窗口层叠在一起，如图 2-8 所示，单击某个窗口的任意位置，可将该窗口显示在其他窗口之上。

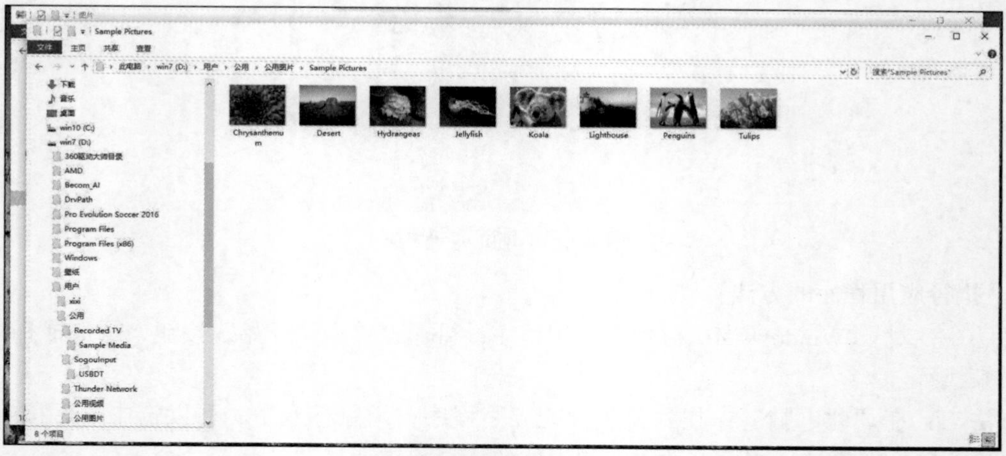

图 2-8 层叠窗口

④ 选择任务栏快捷菜单中的“堆叠显示窗口”命令，可在屏幕上横向平铺所有打开的窗口，可以同时看到所有窗口中的内容，如图 2-9 所示，用户可以很方便地在两个窗口之间进行复制和移动文件的操作。

⑤ 选择任务栏快捷菜单中的“并排显示窗口”命令，可在屏幕上并排显示所有打开的窗口，如图 2-10 所示，如果打开的窗口多于两个，将以多排的形成显示。

⑥ 切换窗口：按住<Alt>键再按<Tab>键，屏幕会弹出一个任务框，框中排列着当前打开的各窗口的图标，在按住<Alt>键的同时每按一次<Tab>键，系统就会顺序选中一个窗口图标。选中所需窗口图标后，释放<Alt>键，相应窗口即被激活为当前窗口。

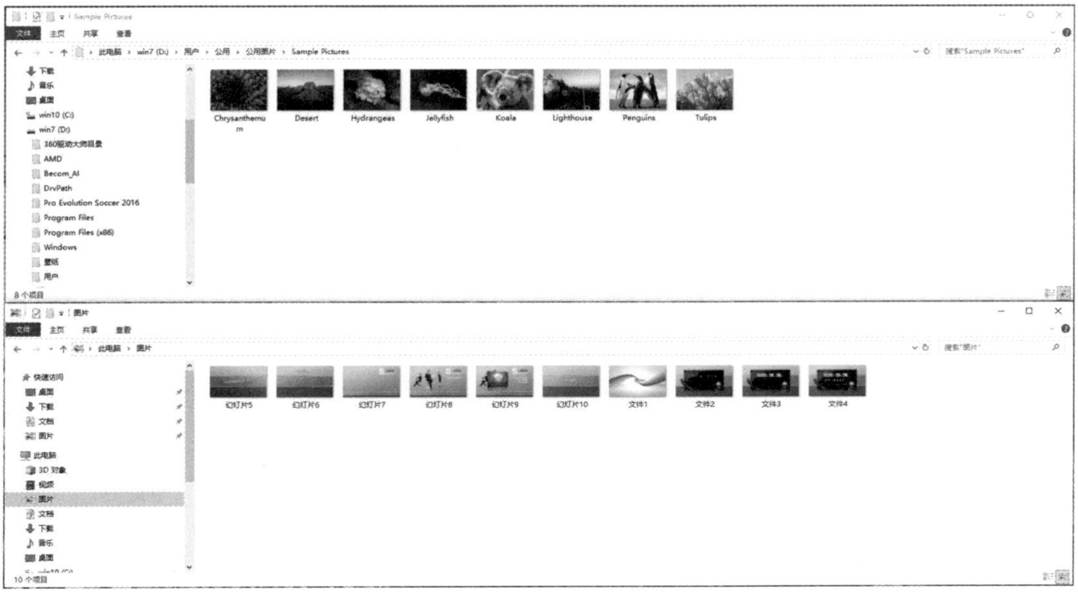

图 2-9 堆叠显示窗口

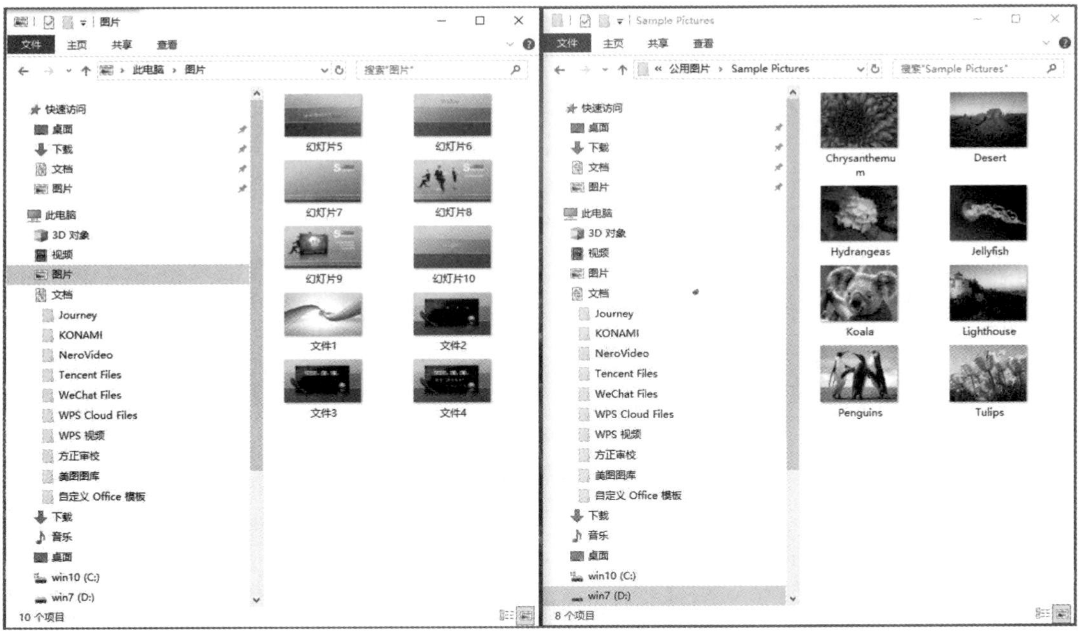

图 2-10 并排显示窗口

6. 库的使用

库是 Windows 10 的亮点之一，它改变了文件管理的方式，使死板的文件管理方式变得更为灵活和方便。用户使用库可以集中管理视频、文档、音乐、图片和其他文件。在某些方面，库类似传统的文件夹，但与文件夹不同的是，库可以收集存储在任意位置的文件。

（1）库的组成

Windows 10 自带了视频、图片、文档、下载等多个库，用户可以将相关资源添加到不同的库中，也可以根据需要新建库文件夹。要创建新库，先要打开“资源管理器”窗口，然后单击导航窗格中的“库”，选择工具栏中的“新建库”命令后直接输入库名称即可。

在“资源管理器”窗口中，选中一个库后单击鼠标右键，在弹出的快捷菜单中选择“属性”命令，即可在弹出的对话框的“库位置”区域看到当前所选择的库的默认路径。用户可以通过该对话框中的“包含文件夹”按钮添加新的文件夹到所选库中。

（2）库的添加、删除和重命名

① 添加指定内容到库中：要将某个文件夹的内容添加到指定库中，只需在目标文件夹上单击鼠标右键，在弹出的快捷菜单中选择“包含到库中”命令，之后根据需要在子菜单中选择一个库名即可。通过子菜单中的“创建新库”命令可以将所选文件夹内容添加至一个新建的库中，新库的名称与文件夹的名称相同。

② 删除与重命名库：要删除或重命名库只需在该库上单击鼠标右键，在弹出的快捷菜单选择“删除”或“重命名”命令。删除库不会删除原始文件，只是删除库链接而已。

四、实验要求

按照实验步骤完成实验，观察设置效果后，将各项设置恢复到原来的设置。

任务一　认识 Windows 10

1. 启动 Windows 10

（1）打开外设电源开关，如显示器的开关。

（2）打开主机电源开关。

（3）若用户设置过登录密码，则计算机完成自检后会显示登录验证界面，单击用户账号出现密码输入框，输入正确的密码后按<Enter>键可正常进入 Windows 10；若没有设置登录密码，系统会直接进入 Windows 10。

2. 重新启动或关闭计算机

单击“开始”按钮，选择“关机”命令，就可以直接关闭计算机。单击该命令右侧的箭头按钮图标▷，则会出现相应的子菜单，其中默认包含 5 个选项。

（1）切换用户：当存在两个或两个以上的用户时可通过此按钮切换用户。

（2）注销：用于注销当前用户，以备下一个用户使用或防止当前用户数据被其他人浏览。

（3）锁定：用于锁定当前用户。锁定后需要重新输入密码才能正常使用。

（4）重新启动：当用户需要重新启动计算机时，应选择“重新启动”命令，系统将结束当前所有的会话，关闭 Windows，然后重新启动系统。

（5）睡眠：当用户短时间不用计算机又不希望别人以自己的身份使用计算机时，应选择此命令，系统将保持当前的状态并进入低耗电状态。

任务二　自定义 Windows 10

1. 自定义“开始”菜单和任务栏

按以下步骤自定义“开始”菜单和任务栏。

（1）右键单击任务栏的空白处，在弹出的快捷菜单中选择“任务栏设置”菜单项，如图 2-11 所示。

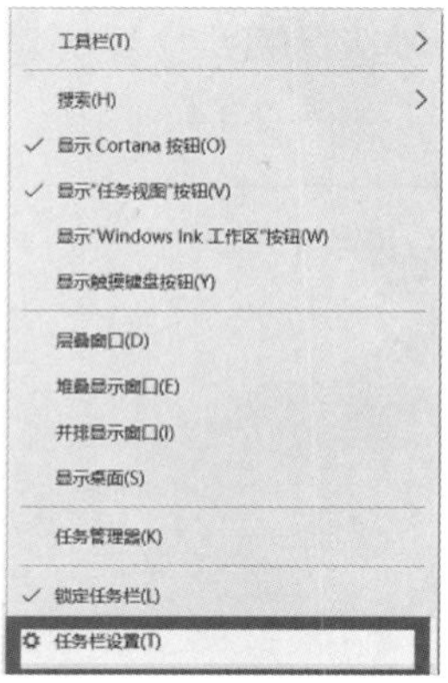

图 2-11　选择“任务栏设置”菜单项

（2）弹出“设置”界面的“任务栏”选项卡，如图 2-12 所示。

图 2-12　“任务栏”选项卡

（3）在“任务栏”选项卡中，可以通过选择“锁定任务栏”“在桌面模式下自动隐藏任务栏”及“任务栏在屏幕上的位置”等开或关来定制任务栏。

（4）选择“设置”界面的“开始”选项卡，如图 2-13 所示。

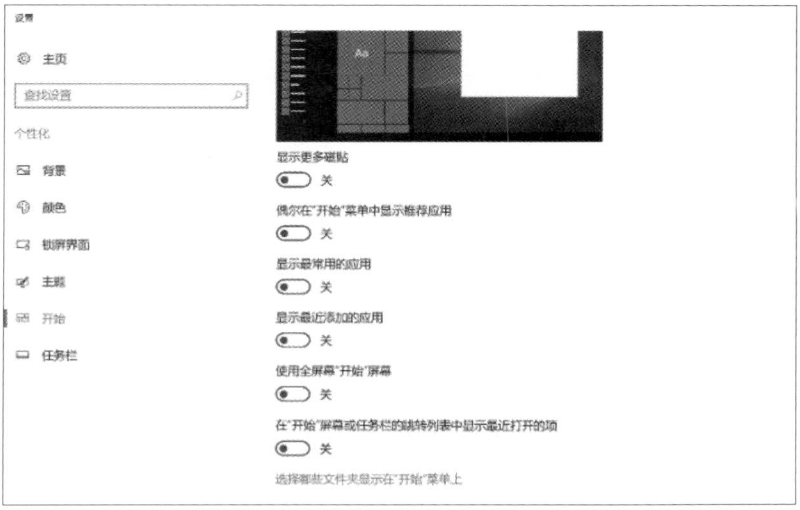

图 2-13　“开始”选项卡

（5）在“开始”选项卡中，单击“选择哪些文件夹显示在‘开始’菜单上”链接，然后在弹出的界面中可设置各文件夹的属性，如图 2-14 所示。

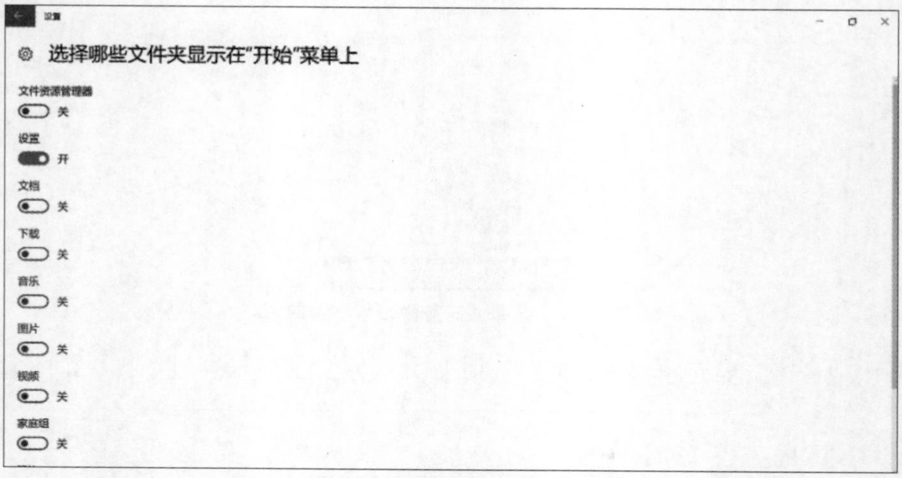

图 2-14　设置文件夹的属性

2. 设置“显示”属性

按以下步骤设置“显示”属性。

（1）打开图 2-15 所示的“Windows 设置”窗口，该窗口的启动方法有以下几种。

① 右键单击“开始”按钮，在弹出的快捷菜单中选择“设置”菜单项。

② 单击“开始”按钮，在“开始”菜单中选择“设置”选项。

③ 右键单击“开始”按钮，在弹出的快捷菜单中选择“搜索”菜单项，或按<Windows>+<S>组合键，在弹出的“搜索”对话框的“搜索”文本框中输入“设置”，即可找到“设置”应用，双击即可将之打开。

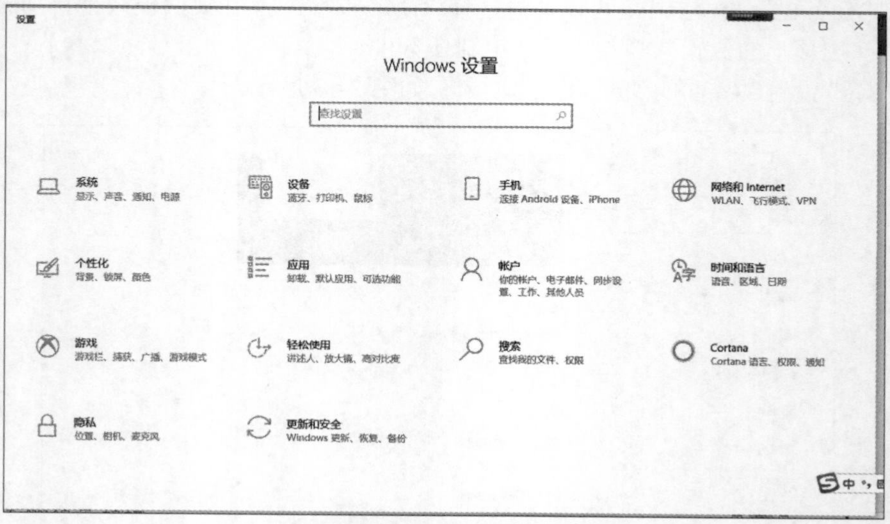

图 2-15 “Windows 设置”窗口

（2）在“Windows 设置”窗口中单击“个性化”按钮，弹出“个性化”设置窗口，如图 2-16 所示。

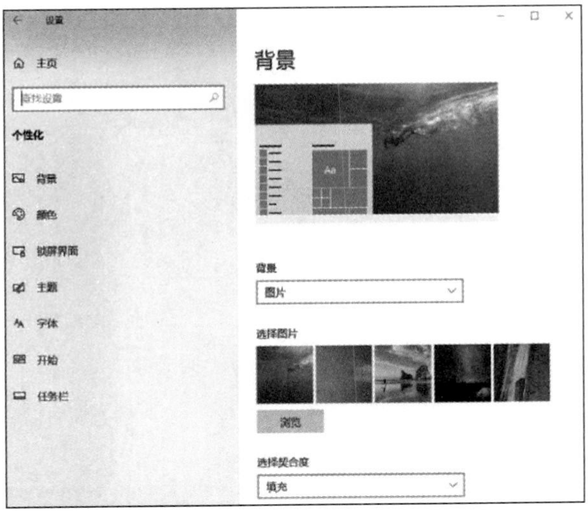

图 2-16　“个性化”设置窗口

（3）在“背景”选项卡中选择一张合适的图片作为桌面的背景，然后在“选择契合度”列表框中选择“填充”“适应”“拉伸”“平铺”“居中”或“跨区”等方式来显示图片，如图 2-17 所示。

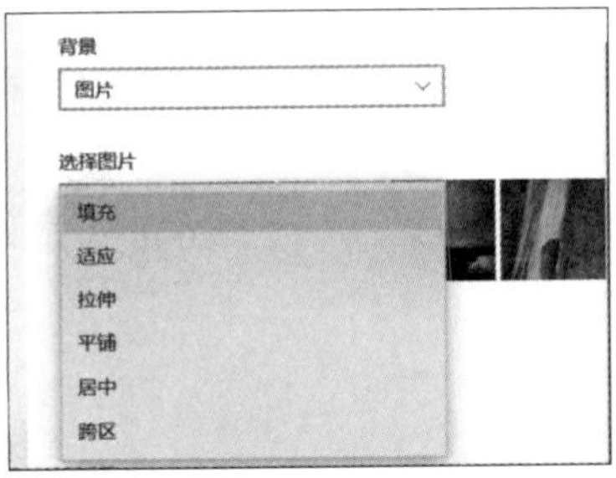

图 2-17　设置桌面背景

3. 设置键盘和鼠标属性

（1）设置键盘属性

按以下步骤设置键盘属性。

① 打开“Windows 设置”窗口，单击“设备”按钮，显示“所有控制面板项”窗口，在该窗口中单击“键盘”图标，将弹出“键盘 属性”对话框，如图 2-18 所示。

② 单击“速度”选项卡，拖动“字符重复”组合框中的“重复延迟”滑块来调整键盘重复延迟时间，拖动“重复速度”滑块来调整输入重复字符的速度。

③ 单击“确定”或“应用”按钮完成设置。

（2）设置鼠标属性

按以下步骤设置鼠标属性。

① 在“所有控制面板项”窗口中单击“鼠标”图标，将弹出“鼠标 属性”对话框，如图 2-19 所示。

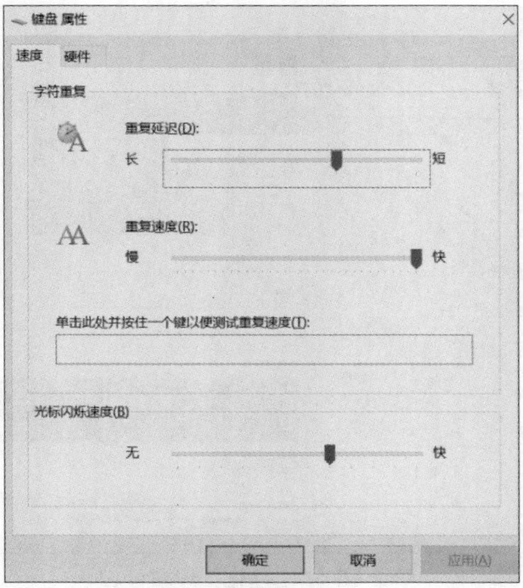

图 2-18 “键盘 属性”对话框

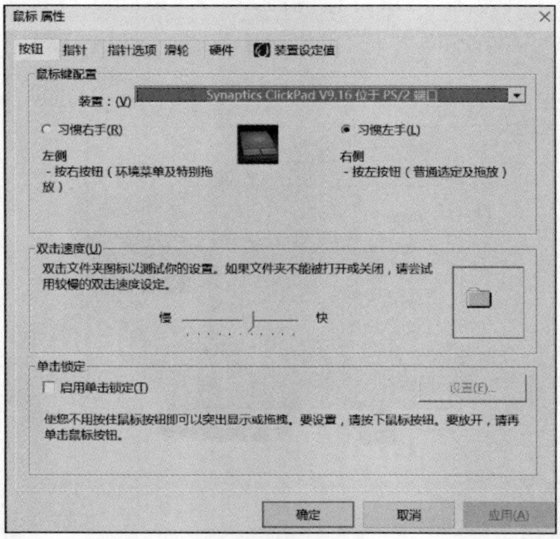

图 2-19 “鼠标 属性”对话框

也可在“Windows 设置”窗口中单击“设备”按钮，选择“设备”中的“鼠标”，单击“其他鼠标选项”，打开“鼠标 属性”对话框。

② 拖动“双击速度”组合框中的“速度”滑块来调整双击时间间隔。

任务三 管理文件和文件夹

1. 改变文件和文件夹的显示方式

在“资源管理器”窗口的资源管理窗格中显示当前选定项目的文件和文件夹列表，用户可改变它们的显示方式。按以下步骤对文件和文件夹的显示方式进行设置。

（1）在“资源管理器”窗口中单击“查看”菜单，依次选择“超大图标”“大图标”“列表”“详细信息”“平铺”等命令，观察资源管理窗格中文件和文件夹显示方式的变化。

（2）选择“查看”菜单中的“分组依据”选项，通过其子菜单中的命令可以将资源管理窗格中的文件和文件夹进行分组，如图 2-20 所示。依次选择该子菜单中的命令，观察资源管理窗格中文件和文件夹显示方式的变化。

（3）选择“查看”菜单中的“排序方式”选项，通过其子菜单中的命令可以将资源管理窗格中的文件和文件夹进行排序显示，如图 2-21 所示。依次选择该子菜单中的命令，观察资源管理窗格中文件和文件夹显示方式的变化。

（4）选择“查看”菜单中的“选项”命令打开“文件夹选项”对话框，如图 2-22 所示。改变“浏览文件夹”和“按如下方式单击项目”组中选项的选中状态，单击“确定”按钮，之后试着打开不同的文件夹和文件，观察显示方式及打开方式的变化。

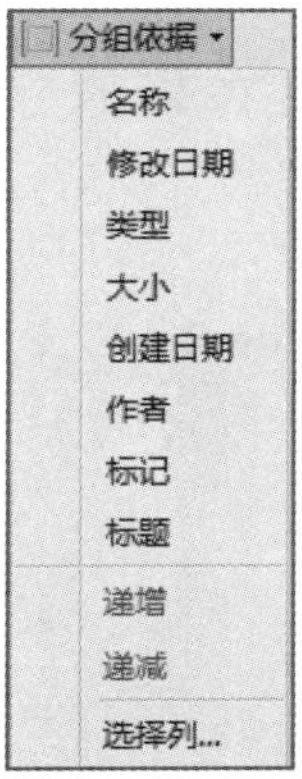

图 2-20 “分组依据”子菜单

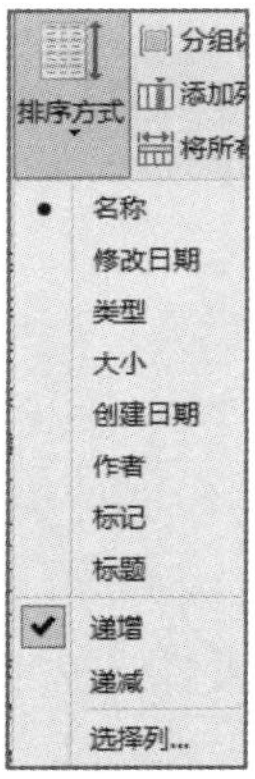

图 2-21 “排序方式”子菜单

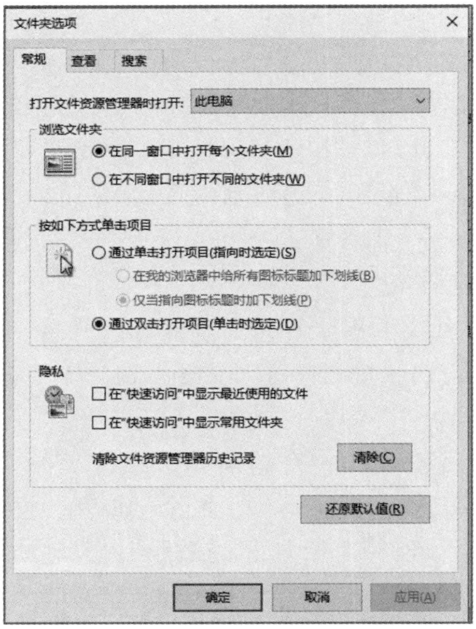

图 2-22 “文件夹选项”对话框

（5）仍然打开“文件夹选项”对话框，选择“查看”选项卡，选中“隐藏已知文件类型的扩展名”复选框，单击“确定”按钮，观察文件显示方式的变化。

2. 创建文件夹和文件

在 E 盘创建新文件夹并为文件夹创建新文件的步骤如下。

（1）打开“资源管理器”窗口。

（2）选择创建新文件夹的位置。在导航窗格中单击 E 盘图标，资源管理窗格中显示 E 盘根目录下的所有文件和文件夹。

（3）创建新文件夹有以下两种方法。

方法一：在资源管理窗格空白处单击鼠标右键，在弹出的快捷菜单中选择“新建”→“文件夹”命令，然后输入文件夹名称“My Folder1”，按<Enter>键完成。

方法二：选择“文件”→“新建”→“文件夹”命令，然后输入文件夹名称“My Folder1”，按<Enter>键完成。

（4）双击新建好的“My Folder1”文件夹，打开该文件夹窗口，在资源管理窗格空白处单击鼠标右键，在弹出的快捷菜单中选择“新建”→“文本文档”命令，然后输入文件名称“My File1”，按<Enter>键完成。

（5）使用同样的方法在 E 盘根目录下创建名为“My Folder2”的文件夹，并在“My Folder2”文件夹下创建文本文件“My File2”。

3. 复制、移动文件和文件夹

按以下步骤练习文件和文件夹的复制、粘贴等操作。

（1）打开“资源管理器”窗口。

（2）找到并进入“My Folder2”文件夹，选中“My File2”文件。

（3）选择“编辑”→“复制”命令，或按<Ctrl>+<C>组合键，或单击鼠标右键，在弹出的快捷菜单中选择“复制”命令，此时，“My File2”文件被复制到剪贴板。

（4）进入“My Folder1”文件夹。

（5）选择“编辑”→“粘贴”命令，或按<Ctrl>+<V>组合键，或单击鼠标右键，在弹出的快捷菜单中选择“粘贴”命令，此时，“My File2”文件被复制到目的文件夹“My Folder1”中。

移动文件的步骤与复制基本相同，只需将第（3）步中的“复制”命令改为“剪切”或将<Ctrl>+<C>组合键改为<Ctrl>+<X>组合键。

4. 重命名、删除文件和文件夹

按以下步骤练习文件和文件夹的删除和重命名操作。

（1）打开“资源管理器”窗口，找到并进入“My Folder1”文件夹，选中“My File2”文件。

（2）选择“文件”→“重命名”命令，或单击鼠标右键，在弹出的快捷菜单中选择“重命名”命令，输入“My File3”后按<Enter>键结束。

（3）选择“My File3”文件，选择“文件”→“删除”命令，或直接在键盘上按<Del>/<Delete>键，在弹出的“删除文件”对话框中单击“是”按钮即可删除所选文件。

注意 这种文件删除方法只是把要删除的文件转移到了“回收站”，如果需要彻底地删除该文件，可在执行删除操作的同时按<Shift>键。

（4）双击桌面上的“回收站”图标，在“回收站”窗口中选中刚才被删除的文件，单击工具栏中的“还原此项目”按钮，该文件即可被还原到原来的位置。

（5）在“回收站”窗口中选择工具栏中的“清空回收站”按钮，在弹出的对话框中确认删除后，回收站中所有的文件均被彻底删除，无法再还原。

文件夹的操作与文件的操作基本相同，只是文件夹在复制、移动、删除的过程中，文件夹中的所有子文件及子文件夹都将进行相同的操作。

任务四　运行“画图”程序

选择“开始”→“Windows 附件”→“画图”命令，即可运行“画图”程序，如图 2-23 所示。

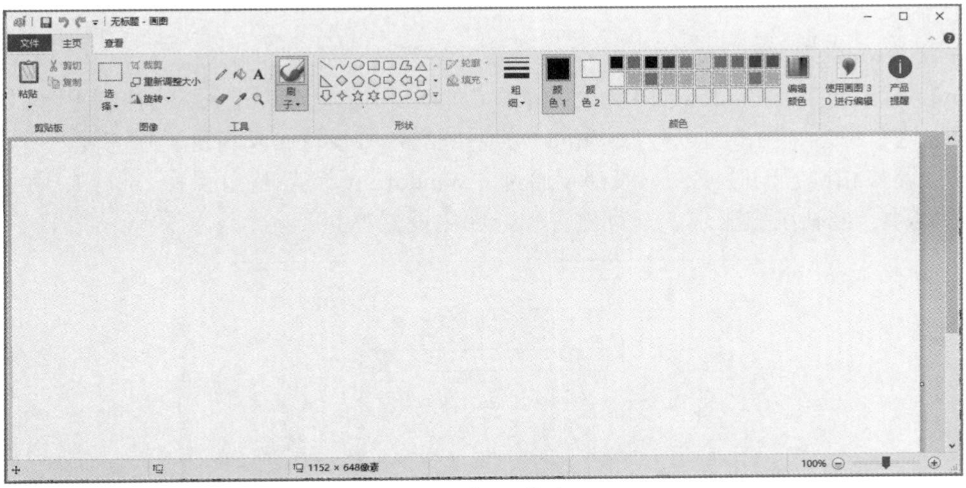

图 2-23　“画图”窗口

“画图”窗口的“主页”选项卡中显示的是主要的绘图工具，包含剪贴板、图像、工具、形状、粗细和颜色功能模块，提供给用户对图片进行编辑和绘制的功能。请同学们依次练习绘图工具，注意在画形状时形状轮廓及形状填充工具的使用。

任务五　更改系统日期、时间及时区

按以下步骤操作，将系统日期设为“2021 年 9 月 30 日”，系统时间设为“10:20:30”，时区设为“吉隆坡，新加坡”。

（1）单击任务栏最右侧的时间，在弹出的快捷菜单中选择“日期和时间设置”命令，弹出“日期和时间”对话框。

（2）将“自动设置时间”设为“关”，再单击“更改日期和时间”下的“更改”按钮，弹出“更改日期和时间”对话框，依次更改年份为“2021”，月份为“9”，日期为“30”，时间为“10:20:30”，依次单击“更改”按钮关闭对话框。

（3）观察任务栏右侧的显示时间，已经发生改变。

（4）再次打开“日期和时间”对话框，在“时区”下拉列表中选择“（UTC+08:00）吉隆坡，新加坡”，关闭窗口设置即生效。

实验二　Windows 10 的高级操作

一、实验目的

- 掌握“Windows 设置”的使用方法。
- 掌握 Windows 10 中外观和个性化设置的基本方法。

- 掌握用户账户管理的基本方法。
- 掌握打印机的安装及设置方法。
- 掌握通过磁盘清理、碎片整理优化和维护系统的方法。

二、相关知识

1. Windows 设置

“Windows 设置”是 Windows 10 为用户提供的管理和设定计算机系统的控制平台，如图 2-24 所示。通过这个平台，用户可以修改 Windows 系统的各种设置，以满足实际需要。用户要对系统环境进行调整和设置的时候，一般都要通过“Windows 设置”进行操作。例如，添加硬件、添加/删除软件、控制用户账户、进行外观和个性化设置等。

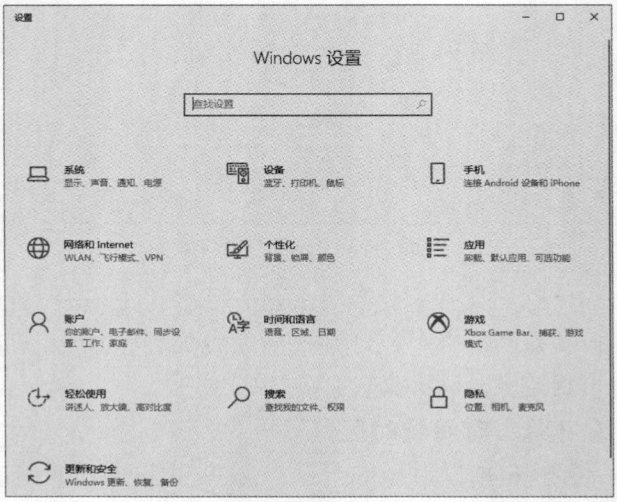

图 2-24 “Windows 设置”窗口

2. 账户管理

Windows 10 支持多用户管理，多个用户可以共享一台计算机，系统可以为每一个用户创建一个用户账户并为每个用户配置独立的用户文件，每个用户在登录系统后，都可以进行个性化的环境设置。在“Windows 设置”中，单击“账户”选项，打开相应的窗口，可以实现用户账户的管理功能，如图 2-25 所示。

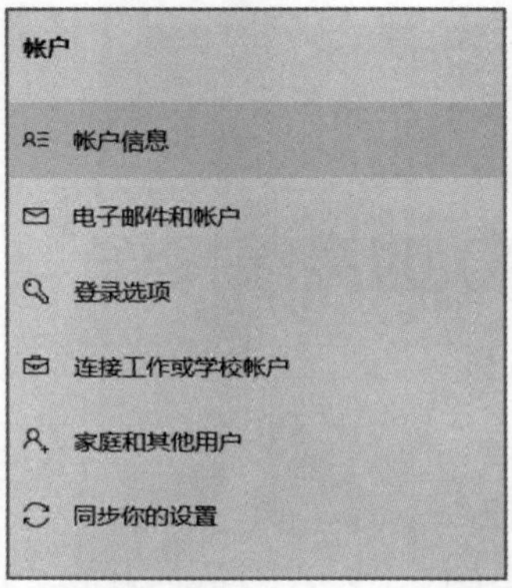

图 2-25 “账户”相关功能

3. 磁盘管理

磁盘管理是一项用于优化计算机的常规任务，它以一组磁盘管理应用程序的形式提供给用户，包括查错程序、磁盘碎片整理程序、磁盘清理程序等。Windows 10 没有提供一个单独的应用程序来管理磁盘，而是将磁盘管理集成到“计算机管理”中。用鼠标右键单击桌面上的“此电脑”图标，在弹出的快捷菜单中选择“管理”命令即可打开“计算机管理”窗口，选择“存储”中的“磁盘管理”选项，将启动“磁盘管理”功能。用户利用磁盘管理工具可以查看所有磁盘的情况，并对各个磁盘分区进行管理。

三、实验范例

按以下操作步骤对 Windows 10 进行外观及个性化设置。

（1）在“Windows 设置”窗口中单击“个性化”按钮，进入图 2-26 所示的窗口。从图中可以看出，该窗口包含“背景”“颜色”“锁屏界面”“主题”“字体”“开始”“任务栏”等选项。

图 2-26 “个性化”设置窗口

（2）单击“个性化”按钮后默认打开的是“背景”页面，在该页面可以更改背景为图片、纯色或幻灯片放映，如选择“纯色”选项，则可以选择或自定义背景色。

（3）在左侧窗格中选择“颜色”选项，会出现“颜色”设置页面。在此页面中可以设置自定义颜色、默认 Windows 模式、默认应用模式、透明效果、主题色，以及“开始”菜单、任务栏等是否显示为主题色。默认标题栏和窗口边框为灰白色，设置其显示为主题色后，可以让窗口边界更容易区分。

（4）单击“个性化”中的“锁屏界面”，选择“屏幕保护程序设置”，弹出“屏幕保护程序设置”对话框，如图 2-27 所示。选择“屏幕保护程序”下拉列表中的“3D 文字”后，单击“设置”按钮，弹出“3D 文字设置”对话框。在“自定义文字”文本框中输入“欢迎使用 Windows 10”，设置旋转类型为“摇摆式”，如图 2-28 所示，单击“确定”按钮返回“屏幕保护程序设置”对话框，此时可在预览区看到屏保效果，若要全屏预览，单击“预览”按钮即可。若要保存此设置，单击“确定”按钮。

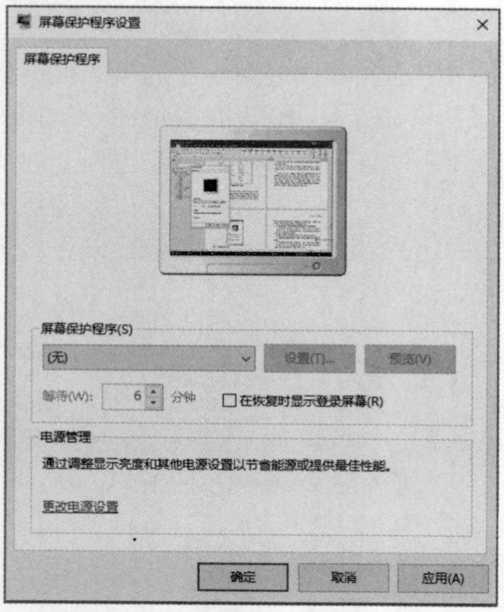

图 2-27 “屏幕保护程序设置”对话框

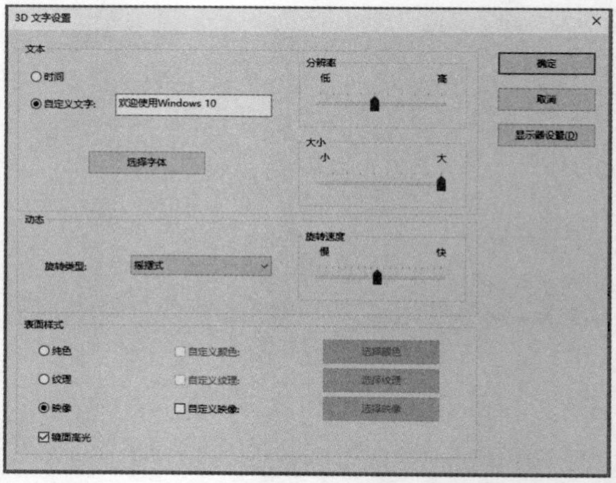

图 2-28 “3D 文字设置”对话框

四、实验要求

按照实验步骤完成实验，观察设置效果后，恢复原来的设置。

任务一　设置个性化的 Windows 10 外观

1. 更改桌面背景并以拉伸方式显示

在“Windows 设置”窗口中单击“个性化”按钮，打开“个性化”设置窗口，单击“背景”图标，在“背景”下拉列表中选择“图片”，直接在图片列表框中选取一张图片，并在“选择契合度”下拉列表中选择“拉伸”选项，关闭窗口返回桌面即可。

如果要将多张图片设为桌面背景，需要在“背景”下拉列表中选择“幻灯片放映”，在“为幻灯片选择相册”下的“浏览”中选择图片所在文件夹，在“选择契合度”下拉列表中选择“拉伸”，并在“图片切换频率”下拉列表中选择图片更改的时间间隔。如果希望多张图片无序播放，将“无序播放”设为“开”，退出即可使设置生效，返回到桌面观察效果。

2. 更改窗口边框、“开始”菜单和任务栏的颜色及效果

（1）在“Windows 设置”窗口中单击“个性化”按钮，打开“个性化”设置窗口。

（2）单击“个性化”中的“颜色”，在之后显示的颜色图标中单击“深红色”并将“透明效果”设为“开”。

（3）退出后观察窗口边框、“开始”菜单及任务栏的变化。

任务二　设置显示鼠标指针的轨迹并设为最长

（1）在“Windows 设置”窗口中单击“设备”按钮，选择“设备”中的“鼠标”，单击“其他鼠标选项”，打开“鼠标 属性”对话框。

（2）选择“指针选项”选项卡，在“可见性”区域中，选中“显示指针轨迹”复选框并拖动滑块至最右边，如图 2-29 所示。

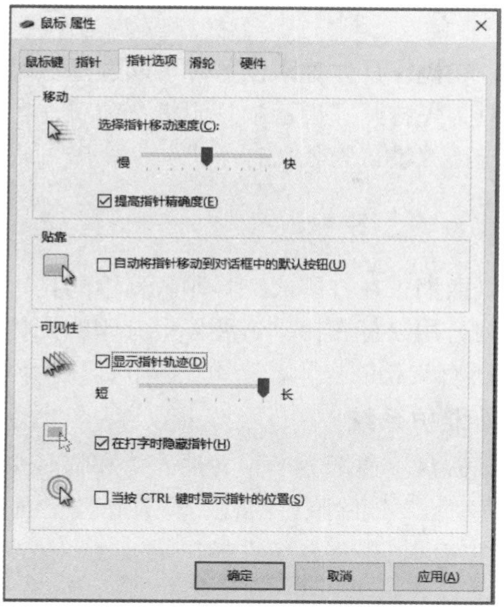

图 2-29 “鼠标 属性”对话框

（3）单击“确定”按钮观察鼠标的变化。

任务三　安装及设置打印机

1. 安装打印机

要安装打印机，首先需要将打印机的数据线连接到计算机的相应端口上，接通电源打开打印机，然后通过“设置”窗口进入“打印机和扫描仪”窗口，单击“添加打印机和扫描仪”按钮，显示图 2-30 所示的“添加打印机”对话框。选择要安装的打印机类型（本地打印机或网络打印机），在此选择添加本地打印机，之后依次选择打印机使用的端口、打印机厂商和打印机类型，确定打印机名称并安装打印机驱动程序，最后根据需要选择是否共享打印机，完成打印机的安装。安装完毕后，“打印机和扫描仪”窗口中会出现相应的打印机图标。

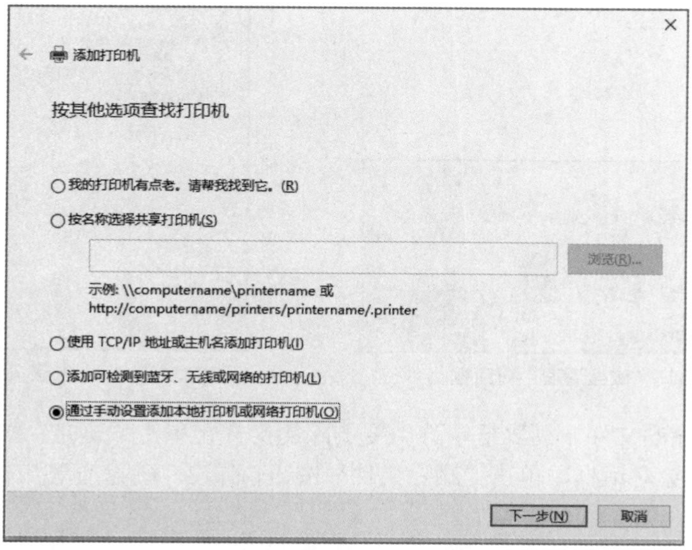

图 2-30 “添加打印机”对话框

2. 设置默认打印机

如果安装了多台打印机，在执行具体打印任务时可以选择打印机或将某台打印机设置为默认打印机。要设置默认打印机，先打开“设备和打印机”窗口，在某个打印机图标上单击鼠标右键，在弹出的快捷菜单中选择“设置为默认打印机”命令即可。默认打印机的图标左下角有一个“√”标识。

3. 取消文档打印

在打印过程中，用户可以取消正在打印或在打印队列中的打印作业。用鼠标双击任务栏中的打印机图标，打开打印队列，用鼠标右键单击要停止打印的文档，在弹出的快捷菜单中选择“取消”命令即可。若要取消所有文档的打印，选择“打印机”菜单中的“取消所有文档”命令。

任务四 使用系统工具维护系统

在计算机的日常使用中，磁盘上逐渐会产生文件碎片和临时文件，致使运行程序、打开文件变慢。可以定期使用“磁盘清理”删除临时文件，释放硬盘空间；使用“磁盘碎片整理程序”整理文件存储位置，合并可用空间，提高系统性能。

1. 磁盘清理

（1）选择“开始”→“Windows 管理工具”→“磁盘清理”菜单项，打开“磁盘清理：驱动器选择”对话框。

（2）选择要清理的驱动器，在此使用默认选择“（C：）”。

（3）单击“确定”按钮，会弹出“磁盘清理”对话框，以进度条显示 C 盘上可释放的空间数，如图 2-31 所示。

（4）计算完毕后弹出“（C：）的磁盘清理”对话框，如图 2-32 所示，其中显示系统清理出的建议删除的文件及其所占磁盘空间的大小。

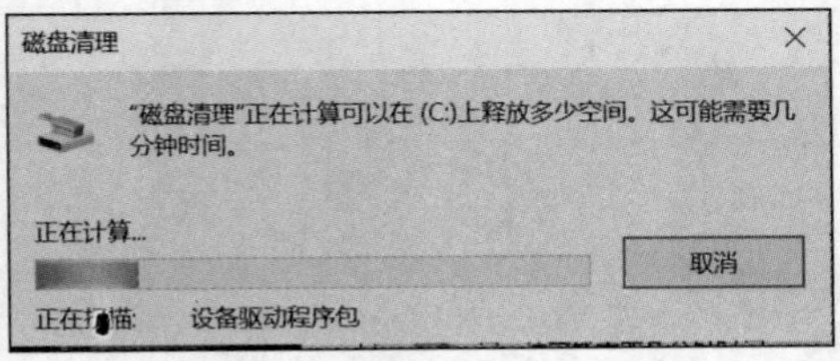

图 2-31 “磁盘清理”对话框

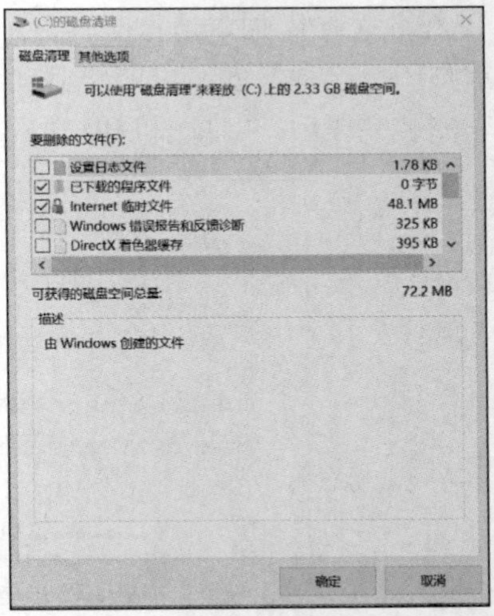

图 2-32 “（C：）的磁盘清理”对话框

（5）在“要删除的文件”列表框中选中要删除的文件，单击“确定”按钮，在之后弹出的“磁盘清理”确认删除对话框中单击“删除文件”按钮，弹出“磁盘清理”对话框，清理完毕后该对话框自动消失。

依次对其他磁盘进行清理，注意观察并记录清理磁盘时获得的空间总数。

2. **磁盘碎片整理程序**

进行磁盘碎片整理之前，应先关闭所有的应用程序，因为一些程序在运行的过程中可能要反复读取磁盘数据，这会影响磁盘整理程序的正常工作。

（1）选择“开始”→“Windows 管理工具”→“碎片整理和优化驱动器”菜单项，弹出“优化驱动器”对话框。

（2）在对话框中选择磁盘驱动器后单击“分析”按钮，进行磁盘分析。

（3）分析完后，可以根据分析结果选择是否进行磁盘碎片整理。如果在“上一次运行时间”列中显示检查出的磁盘碎片百分比超过 10%，则应进行磁盘碎片整理，只需单击“优化”按钮即可。

03

第3章 使用 Word 2016 制作文档

实验一 文档的创建与排版

一、实验目的

- 熟练掌握启动与退出 Word 2016 的方法，认识 Word 2016 主窗口中的对象。
- 熟练掌握操作 Word 2016 功能区、选项卡、组和对话框的方法。
- 熟练掌握在 Word 2016 中建立、保存、关闭和打开文档的方法。
- 熟练掌握输入文本的方法。
- 熟练掌握文本的基本编辑方法及文档格式的设定方法，包括插入点的定位，文本的输入、选择、插入、删除、移动、复制、查找与替换、撤销与恢复等操作。
- 掌握文档不同视图显示方式的设置方法。
- 熟练掌握字符格式的设置方法，包括选择字体、字形与字号，以及设置字体颜色、下画线、删除线等。
- 熟练掌握段落格式的设置方法，包括设置文本的字间距、段落对齐、段落缩进、段落间距等。
- 熟练掌握首字下沉、边框和底纹等特殊格式的设置方法。
- 掌握格式刷的使用方法和样式的设置方法。
- 掌握项目符号和编号的设置方法。
- 掌握利用模板建立文档的方法。

二、相关知识

1. 基本知识

Word 2016 是 Microsoft Office 系列办公软件之一，是一款功能强大的综合排版工具软件。

Word 2016 的用户界面采用 Ribbon 界面风格，包括可智能显示相关命令的 Ribbon 面板。

Word 2016 集编辑、排版、打印等功能于一体，同时能够处理文本、图形和表格，满足各种公文、书信、报告、图表、报表及其他文档打印的需要。

2. 基本操作

Word 文档是由 Word 软件编辑的文本。文档编辑是 Word 2016 的基本功能，主要包括文档的建立、文本的录入、保存文档、选择文本、插入文本、删除文本以及移动文本、复制文本等基本操作。同时 Word 2016 提供了查找和替换、撤销与恢复功能。文档被保存时，会生成以“docx”为默认扩展名的文件。

3. 基本设置

文档编辑完成之后，就要对整篇文档排版以使文档具有美观的视觉效果。排版包括字符格式设置、段落格式设置、边框与底纹设置、项目符号与编号设置以及分栏设置等。还有一些特殊格式设置，包括首字下沉、给中文加拼音、加删除线等。

4. 高级操作

（1）格式刷

使用格式刷可以快速地将某段文本的格式设置应用到其他文本上，操作步骤如下。

① 选中要复制样式的文本。

② 单击功能区中的“开始”选项卡，单击“剪贴板”区域中的“格式刷”按钮，将鼠标指针移动到文本编辑区，会看到鼠标指针旁出现一个小刷子的图标。

③ 按住鼠标左键并拖动鼠标，用格式刷扫过需要应用样式的文本即可。

格式刷功能使用一次后就自动关闭了。如果需要将某文本的格式连续应用多次，则需双击“格式刷”按钮，之后直接用格式刷扫过不同的文本即可。要结束格式刷功能，再次单击“格式刷”按钮或按<Esc>键即可。

（2）样式与模板

熟练使用样式与模板工具可以简化格式设置的操作，提高排版的质量和速度。

样式是应用于文档中的文本、表格等内容的一组格式特征，能迅速改变文档的外观。单击功能区中“开始”选项卡下“样式”区域右下角的“其他”按钮，出现的下拉列表中显示了可供选择的样式。要对文档中的文本应用样式，需要先选中文本，然后选择下拉列表中需要使用的样式名称即可。要删除某文本中已经应用的样式，可先将其选中，再选择下拉列表中的“清除格式”选项。

如果要快速改变具有某种样式的所有文本的格式，可通过重新定义样式来完成。单击功能区中“开始”选项卡下“样式”区域右下角的“其他”按钮，在出现的下拉列表中选择“应用样式”选项，在弹出的“应用样式”对话框的“样式名”文本框中输入要修改的样式名称，然后单击“修改”按钮，即可在弹出的对话框中看到该样式的所有格式，修改相应格式后，单击对话框中“格式”区域内的“确定”按钮可以完成对该样式的修改。

Word 2016 提供了内容涵盖广泛的模板，有博客文章、书法字帖、信函、传真、简历和报告等，利用模板可以快速地创建专业且美观的文档。模板就是一种预先设定好的特殊文档，已经包含了文档的基本结构和文档设置，如页面设置、字体格式、段落格式等，方便以后重复使用。对某些格式相同或相近的文档排版，模板是不可缺少的工具。Word 2016 模板文件的扩展名为 dotx。

三、实验范例

1. 启动 Word 2016

启动 Word 2016 有多种方法，请同学们进行实际操作。

2. 认识 Word 2016 的窗口构成

Word 2016 的窗口主要包括标题栏、快速访问工具栏、功能区、标尺栏、文档编辑区和状态栏等。

3. 认识 Word 2016 各个选项卡的组成

分别打开 Word 2016 的各个选项卡，了解和认识各个选项卡的组成。

4. 新文档的建立与文档的输入

（1）建立新文档

启动 Word 2016 后，直接选择“空白文档”或模板即可建立新文档。也可在打开的文档中选择“文件”→“新建”命令，选择“空白文档”或模板可建立新文档，或者单击“快速访问工具栏”上的新建按钮即可新建一个空白文档。

（2）文档的输入

在新建的文档中输入实验范例文字，暂且不管字体及格式。输入完毕，将其保存为“D:\AA.docx”。

注意 “建立新文档”和“文档的输入”这两步操作的目的是练习文本输入，如果已经掌握，可直接打开某个已经存在的文件。

范例文字如下。

青年当勤奋学习

习近平总书记指出，学习是立身做人的永恒主题，也是报国为民的重要基础。学习是一辈子的事情，只有在学习中不断感悟人生、提升境界，才会使自己变得更加充实、更加睿智。对广大学生来说，从学校毕业只是人生漫长学习过程中的一小步。要矢志追求更有高度、更有境界、更有品位的人生，把学习作为一种责任、一种爱好、一种健康的生活方式、一种贯穿人生旅途的生活方式，做到重学、好学、乐学。

要做一名善于反思的学习者。“古之学者为己，今之学者为人”，学习的目的归根结底在于“学以成己”。应将学习与人生的目的，安放在对自我完善的不断追求之上，让作为生活方式的学习真正成为生活与工作的底色。面对纷繁复杂、不确定性日益凸显的世界，唯有通过主动的、反思性的学习，才能去探索自我，塑造更加深刻丰盈的灵魂；去探知世界，发现更加深邃广袤的天地；去探享未来，创见更加深醇美好的生活，进而达到“学而时习之，不亦乐乎”的人生境界。

要做一名赋能升级的学习者。当今世界，知识经济兴起，大数据、人工智能等新一代信息技术飞跃发展，深刻改变了人们的生活方式、交往方式和学习方式。知识迭代更新的速度日新月异，学习稍有懈怠，就会落伍于时代。如果说每个人的人生就像一个圆，那么学习就是半径，半径越大，拥有的人生就越广阔、越丰富。对于广大毕业生来说，毕业离校，结束的只是作为“学生”的身份，并非“学习”的行为。面对层出不穷的各种新知识、新情况、新事物，必须时刻增强知识更新的紧迫感，努力摆脱传统的学习方式，不断拓展学习的视野和疆界，提升学习的效率和效能。唯如此，才能在未来的人生道路上不断赢得主动、赢得优势。

要做一名深学笃行的学习者。学习的根本目的在于实践。"为学之实，固在践履。苟徒知而不行，诚与不学无异。"知识要转化为人们的能力和素养，就必须躬身实践，在实践中砥砺才干、增长本领，不断实现螺旋式上升。要坚持知行合一，不要以知代行，夸夸其谈却无务实举措；也不要以行取代知，不求根务本，否则无法达成理论与实践的辩证统一。

人生的黄金时期在青年，青年人选择了学习，就是选择了进步。期待更多的青年人将学习作为一辈子的事，在学习中不断感悟人生、提升境界，让勤奋学习、终身学习成为人生远航的不竭动力。（作者：孟繁华　来源：人民日报）

5. 撤销与恢复

"快速访问工具栏"中有"撤销"与"恢复"按钮，可以把用户对文件的操作按步倒退或前进。请同学们上机实际操作并加以体会。

6. 字体及段落设置

打开刚建立的文件"D:\AA.docx"并进行以下设置。

（1）将第一段文字设置成隶书、二号，居中。

（2）将第二段文字设置成宋体、小四号、斜体，左对齐，段前和段后各 1 行间距。

（3）将第三段文字设置成宋体、小四号，行距设为最小值 20 磅。

（4）将第四段文字设置成楷体、小四号、加下波浪线，左右各缩进 2 个字符，首行缩进 2 个字符，1.5 倍行距，段前、段后各 0.5 行间距。

（5）将第五段文字设置为同第三段一样的格式。

（6）将第六段文字设置成楷体、小四号、加粗。

7. 文字的查找和替换

以刚建立的"D:\AA.docx"文件为例。

（1）查找指定文字"学习者"

① 打开"D:\AA.docx"文档，将光标定位到文档首部。

② 单击"开始"选项卡"编辑"区域"查找"按钮下拉列表中的"高级查找"选项，出现"查找和替换"对话框。

③ 在对话框的"查找内容"栏内输入"学习者"。

④ 单击"查找下一处"按钮，将定位到文档中匹配文字所在的位置，并且匹配文字以蓝底黑字显示，表明在文档中找到一个"学习者"。

⑤ 连续单击"查找下一处"按钮，则相继定位到文档中的其余匹配项，直至出现提示已完成文档搜索的对话框，就表明所有的"学习者"都找出来了。

⑥ 单击"取消"按钮则关闭"查找和替换"对话框，返回到 Word 窗口。

（2）将文档中的"学习"替换为"Study"

① 打开"D:\AA.docx"文档，将光标定位到文档首部。

② 单击"开始"选项卡"编辑"区域的"替换"按钮，出现"查找和替换"对话框。

③ 在"查找内容"栏内输入"学习"，在"替换为"栏内输入"Study"。

④ 单击"全部替换"按钮，屏幕上出现一个对话框，显示已完成所有替换。

⑤ 单击对话框中的"确定"按钮关闭该对话框并返回到"查找和替换"对话框。

⑥ 单击“关闭”按钮关闭“查找和替换”对话框，返回到 Word 窗口，文档中所有的“学习”都替换成了“Study”。

8. 视图显示方式的切换

单击“视图”选项卡“文档视图”区域中的各种视图按钮，进行各种视图显示方式的切换，并认真观察显示效果。

9. 关闭 Word 2016

关闭并退出 Word 2016 有多种方法，请同学们进行实际操作。

四、实验要求

任务一　使用 Word 2016 对文本进行设置 1

【原文】

同实验范例中的原文。

【操作要求】

（1）将标题文字格式设置为宋体、三号、加粗、居中，将标题的段前、段后间距设置为一行。

（2）将正文中的中文设置为宋体、五号，西文设置为 Times New Roman、五号，将正文行距设为 1.5 倍。

（3）为正文的第 2～3 段添加项目符号，样式如图 3-1 所示。

（4）将正文中添加项目符号的段落文字格式设为斜体，并为其添加蓝色下波浪线。

（5）为正文第 1 行中的“要矢志追求更有高度、更有境界、更有品位的人生，把学习作为一种责任、一种爱好、一种健康的生活方式、一种贯穿人生旅途的生活方式，做到重学、好学、乐学”添加红色下画线。

（6）将最后一段的文字设为黑体、加粗。

【样本】

设置完的效果如图 3-1 所示。

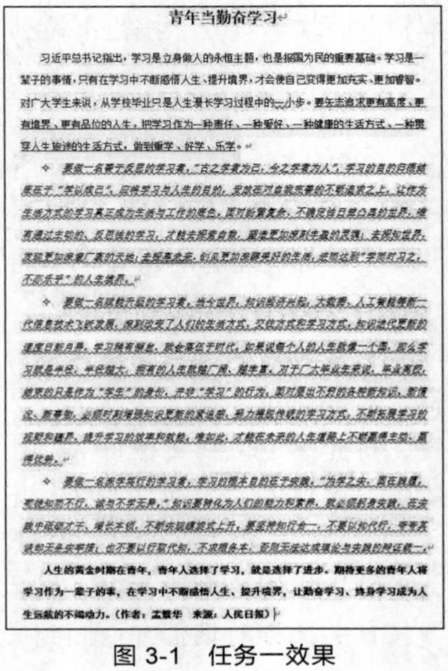

青年当勤奋学习

习近平总书记指出，学习是立身做人的永恒主题，也是报国为民的重要基础。学习是一辈子的事情，只有在学习中不断感悟人生、提升境界，才会使自己变得更加充实、更加睿智。对广大学生来说，从学校毕业只是人生漫长学习过程中的一小步。要矢志追求更有高度、更有境界、更有品位的人生，把学习作为一种责任、一种爱好、一种健康的生活方式、一种贯穿人生旅途的生活方式，做到重学、好学、乐学。

✧ 要做一名善于反思的学习者。“古之学者为己，今之学者为人”。[illegible]

✧ 要做一名赋能升级的学习者。当今世界，知识经济兴起，大数据、人工智能等新一代信息技术飞跃发展，[illegible]

✧ 要做一名笃学笃行的学习者。学习的根本目的在于实践。[illegible]

人生的黄金时期在青年，青年人选择了学习，就是选择了进步。期待更多的青年人将学习作为一辈子的事，在学习中不断感悟人生、提升境界，让勤奋学习、终身学习成为人生远航的不竭动力。（作者：孟繁华　来源：人民日报）

图 3-1　任务一效果

任务二 使用 Word 2016 对文本进行设置 2

【原文】

神童的不幸

有个小孩叫方仲永，出生在一个农人家庭。他家里祖祖辈辈都是种田人，没有一个文化人。他长到 5 岁了，还从未见过笔墨纸砚。

可是有一天，方仲永突然哭着向家里人要笔墨纸砚，说想写诗。他父亲感到十分惊讶，马上从邻居那里借来笔墨纸砚，方仲永拿起笔便写了 4 句诗，而且还给诗写了个题目。同乡的几个读书人知道了这件事，都跑到方仲永家来看，一致认为他写得不错。于是这件事很快传开了，知道的人不免个个称奇。

从此，方仲永家热闹起来，经常有人来家玩，有的人当场出题要小仲永作诗。不论什么题目，小仲永都能立刻成诗，而且内容深刻雅致，文采绚丽多姿，得到众人赞赏。

不久，方仲永的天生奇才传到了县里，引起了很大震动，人们都认为他是个神童。县里那些名流、富人，十分欣赏方仲永，连他父亲的地位也随着提高了不少。那些人对方仲永的父亲另眼相看，还经常拿钱帮助他。这样一来，方仲永的父亲便认为这是件有利可图的好事情，于是放弃了让方仲永上学读书的念头，而是每天带着方仲永轮流拜访县里的那些名流、富人，找机会表现方仲永的作诗天才，以博得那些人的夸赞和奖励。

这样一来，神童渐渐才思不济，久而久之，由于没有后天的再学习，方仲永的水平每况愈下。到十二三岁时，他作的诗比以前大为逊色，前来与他谈诗的人感到很是失望。到了二十岁时，他的才华已全部消失，跟一般人并无什么不同，人们都遗憾地摇着头，可惜一个天资聪颖的少年终于变成了一个平庸的人。

可见，一个人光有先天的智慧而不注重后天的学习是不行的，不注意接受新知识，到头来只会落在别人后面。

【操作要求】

（1）标题：居中，设为华文新魏、二号，加着重号并加粗。

（2）所有正文段落首行缩进 2 个字符，左右各缩进一个字符，1.5 倍行距。

（3）第一段：将文字设为宋体、四号、加粗。

（4）第二段：将文字设为华文新魏、四号、倾斜，分散对齐。

（5）第三段：将文字设为黑体、四号、加粗。

（6）第四段：用格式刷将该段设为与第三段相同的格式，并将字体颜色设为红色。

（7）第五段：将文字设为宋体、四号、倾斜、蓝色。

（8）第六段：将文字设为黑体、小三号、红色并加粗。

（9）给整篇文档加页面边框，如图 3-2 所示。

（10）在所给文字的最后输入不少于 3 个你最喜欢的运动的名称，文字设为宋体、四号，行距为固定值 22 磅，并加项目符号，如图 3-2 所示。

（11）在 D 盘建立一个以自己名字命名的文件夹，存放自己的 Word 作业，该作业以“自己的名字+1”命名。

【样本】

设置好的效果如图 3-2 所示。

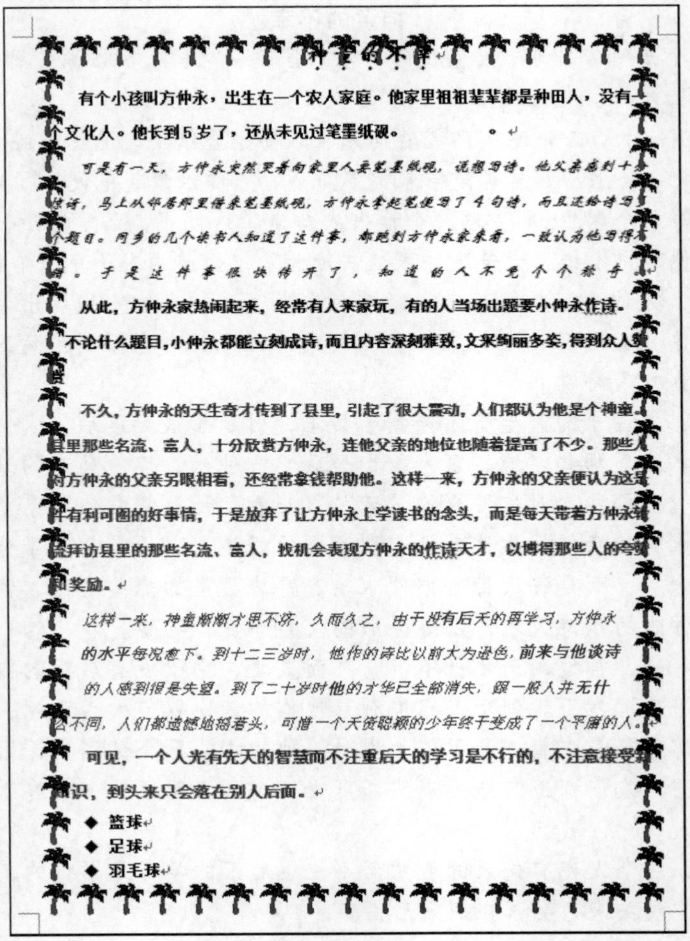
有个小孩叫方仲永，出生在一个农人家庭。他家里祖祖辈辈都是种田人，没有一个文化人。他长到5岁了，还从未见过笔墨纸砚。

可是有一天，方仲永突然哭着向家里人要笔墨纸砚，说想写诗。他父亲感到十分惊讶，马上从邻居那里借来笔墨纸砚，方仲永拿起笔便写了4句诗，而且还给诗写了个题目。同乡的几个读书人知道了这件事，都跑到方仲永家来看，一致认为他写得好。于是这件事很快传开了，知道的人不免个个称奇。

从此，方仲永家热闹起来，经常有人来家玩，有的人当场出题要小仲永作诗。不论什么题目，小仲永都能立刻成诗，而且内容深刻雅致，文采绚丽多姿，得到众人赞赏。

不久，方仲永的天生奇才传到了县里，引起了很大震动，人们都认为他是个神童。县里那些名流、富人，十分欣赏方仲永，连他父亲的地位也随着提高了不少。那些人对方仲永的父亲另眼相看，还经常拿钱帮助他。这样一来，方仲永的父亲便认为这是件有利可图的好事情，于是放弃了让方仲永上学读书的念头，而是每天带着方仲永轮流拜访县里的那些名流、富人，找机会表现方仲永的作诗天才，以博得那些人的夸奖和奖励。

这样一来，神童渐渐才思不济，久而久之，由于没有后天的再学习，方仲永的水平每况愈下。到十二三岁时，他作的诗比以前大为逊色，前来与他谈诗的人感到很是失望。到了二十岁时他的才华已全部消失，跟一般人并无什么不同，人们都遗憾地摇着头，可惜一个天资聪颖的少年终于变成了一个平庸的人。

可见，一个人光有先天的智慧而不注重后天的学习是不行的，不注意接受知识，到头来只会落在别人后面。

- 篮球
- 足球
- 羽毛球

图 3-2　任务二效果

实验二　表格制作

一、实验目的

- 掌握在 Word 2016 中创建表格和编辑表格的基本方法。
- 掌握在 Word 2016 中设计表格格式的常用方法。
- 掌握在 Word 2016 中美化表格的方法。

二、相关知识

表格具有信息量大、结构严谨、效果直观等优点，在文档中使用表格可以简洁有效地展示一组相关数据，因此，掌握表格的相关操作是十分必要的。

在 Word 2016 中，不仅可以非常方便、快捷地创建一个新表格，还可以对表格进行编辑、修饰，如增加或删除一行（列）或多行（列）、拆分或合并单元格、调整行（列）高、设置表格边框、设置底纹等，以增加其美观程度，也可以对表格中的数据进行排序及简单计算等。

Word 2016 中常见的表格操作有以下 5 种。

1. **创建表格**

（1）插入表格：在文档中创建规则的表格。

（2）绘制表格：在文档中创建复杂的不规则表格。

（3）快速制表：在文档中快速创建具有一定样式的表格。

2. **编辑与调整表格**

（1）输入文本：在内容输入的过程中，可以同时修改录入内容的字体、字号、颜色等，这与文档的字符格式设置方法相同，都需要先选中内容再设置。

（2）调整行高与列宽。

（3）合并、拆分与删除单元格等。

（4）插入行或列。

（5）删除行或列。

（6）更改单元格对齐方式：单元格中文字的对齐方式有 9 种，默认的对齐方式是靠上左对齐。

（7）绘制斜线表头。

3. **美化表格**

（1）修改表格的框线颜色及线型。

（2）为表格添加底纹。

4. **表格数据的处理**

（1）将表格转换为文本。

（2）对表格中的数据进行计算。

（3）对表格中的数据进行排序。

5. **自动套用表格样式**

自动套用表格样式时可以选择 Word 中提供的样式，也可以自定义样式。

三、实验范例

1. **创建表格**

建立一个 6 行 3 列的表格，输入表 3-1 所示文字，并将单元格中的文字设置为黑体、加粗、小五号、居中，完成后保存为“D:\biao.docx”。

表 3-1　　分公司销售额表

	上海分公司	广州分公司
第一季度销售额	356 万元	468 万元
第二季度销售额	489 万元	586 万元
第三季度销售额	568 万元	698 万元
第四季度销售额	679 万元	712 万元
合计		

表格创建完成后，按以下步骤对表格操作。

（1）删除表格最后一行。将光标定位到最后一行，单击表格工具下“布局”选项卡“行和列”区域中的“删除”按钮，在弹出的下拉菜单中选择“删除行”命令即可。

（2）在最后一行之前插入一行。将光标定位到最后一行，单击“布局”选项卡“行和列”区域中的“在上方插入”按钮即可。

（3）在第三列的左侧插入一列。将光标定位到第三列，单击“布局”选项卡“行和列”区域中的“在左侧插入”按钮即可。

（4）调整表中行或列的宽度，以列为例。将鼠标指针移到表格中的某一单元格，把鼠标指针停留在表格的列分界线上，使之变为“←‖→”形状，然后按住鼠标左键不放，左右拖动，使之移到适当位置。行的操作与此类似，试着操作并观察结果。

（5）绘制表格中的斜线。将光标定位在表格首行的第一个单元格中，在表格工具下的“设计”选项卡“表格样式”区域中的“边框”下拉菜单中选择“斜下框线”命令，单元格中即出现一条斜线，输入内容后调整对齐方式即可。

（6）调整表格在页面中的位置，使之居中显示。将光标移动到表格的任一单元格中，单击表格工具下“布局”选项卡“表”区域中的“属性”命令，打开“表格属性”对话框，在“对齐方式”区域中选择“居中”，单击“确定”按钮即可。

请同学们自己设计并绘制复杂的不规则表格，尝试绘制不同样式的表格，并练习使用表格工具下“设计”选项卡“绘图边框”区域中的相关命令。

2. 拆分表格

如果要将“D:\biao.docx”中的表格最后一行拆分为另一个表，先选中表格的最后一行，单击表格工具下“布局”选项卡“合并”区域中的“拆分表格”按钮，选中行的内容即脱离原表，成为一个新表。请尝试操作，并观察结果。

3. 表格的修饰美化

以“D:\biao.docx”文件为例。

（1）修改单元格中文字的对齐方式

如果要将表格中的第一列文字设置为居中左对齐（不包括表头），先选中表格第一列中除表头以外的所有单元格，单击表格工具下“布局”选项卡“对齐方式”区域中的“中部两端对齐”按钮即可。请同学们自己将表格的后两列文字设置为右对齐。

（2）修改表格边框

在 Word 2016 中可为文档中的表格、段落四周或任意一边添加边框，也可为文档页面四周或任意一边添加边框，还可为图形对象（包括文本框、自选图形、图片或导入图形）添加边框。在默认情况下，所有的表格边框都为 1/2 磅的黑色单实线。

如要修改表格中的所有边框，单击表格中任意位置，如要修改指定单元格的边框，则需选中这些单元格。之后切换到表格工具下的“设计”选项卡，在“表格样式”区域的“边框”下拉列表中选择“边框和底纹”选项。在弹出的“边框和底纹”对话框中，选择所需的选项，并确认“应用于”下的范围选择为“表格”选项后，单击“确定”按钮，即可修改表格的边框。

（3）对表格第一列加底纹

选中表格的第一列并切换到表格工具下的“设计”选项卡，单击“表格样式”区域中的“底纹”按钮，在弹出的下拉列表中选择所需颜色即可。

（4）自动套用表格样式

在设计了一个表格之后，可方便地套用 Word 中已有的样式。

用鼠标单击表格中的任一单元格后，将鼠标指针移至“设计”选项卡的“表格样式”区域内，鼠标指针停留在哪个样式上，其效果就自动应用于该单元格中。如果效果满意，单击鼠标就完成了自动套用表格样式，十分方便。

4. **表格转换**

将 “D:\biao.docx” 中的表格第二行至第四行转换成文字。

（1）选中表格的第二行至第四行，单击表格工具下的“布局”选项卡“数据”区域中的“转换为文本”按钮，弹出“表格转换成文本”对话框。

（2）在对话框内选择文本的分隔符为“逗号”，单击“确定”按钮。

实现转换后，注意观察结果。

用类似的操作可将转换出来的文本再恢复成表格形式。选中需要转换成表格的对象后，单击表格工具下的“插入”选项卡“表格”区域中的“表格”按钮，在弹出的下拉列表中选择“文本转换成表格”选项，在弹出的对话框中选择合适的选项即可完成操作。

5. **表格中数据的计算与排序**

在 Word 2016 中可以对表格中的数据进行计算与排序。较为简便的计算方法是在单元格中插入公式，排序要根据需要选择对话框中相应的选项。

四、实验要求

任务一 制作课程表

【操作要求】

设计表 3-2 所示的课程表。

表 3-2　　课程表

	星期一	星期二	星期三	星期四	星期五
第一大节					
第二大节					
午休					
第三大节					
第四大节					

表格内的内容依照实际情况进行填充，然后进行如下设置。

表格套用“中等深浅网格 1—强调文字颜色 1”样式，表中文字设为小五号、楷体，对齐方式设为“水平居中”。表格四周边框线的宽度调整为 1.5 磅，其余表格线的宽度为默认值。

任务二 制作求职简历

【操作要求】

制作一份求职简历，如表 3-3 所示。

表 3–3　　求职简历

<table>
<tr><td>基本信息</td><td colspan="3"></td><td rowspan="8">（贴照片处）</td></tr>
<tr><td>姓　　名</td><td></td><td>性　　别</td><td></td></tr>
<tr><td>民　　族</td><td></td><td>出生年月</td><td></td></tr>
<tr><td>身　　高</td><td></td><td>体　　重</td><td></td></tr>
<tr><td>户　　籍</td><td></td><td>现所在地</td><td></td></tr>
<tr><td>毕业学校</td><td></td><td>学　　历</td><td></td></tr>
<tr><td>专业名称</td><td></td><td>毕业年份</td><td></td></tr>
<tr><td>工作年限</td><td></td><td>职　　称</td><td></td></tr>
<tr><td>求职意向</td><td colspan="4"></td></tr>
<tr><td>职位性质</td><td colspan="4"></td></tr>
<tr><td>职位类别</td><td colspan="4"></td></tr>
<tr><td>职位名称</td><td colspan="4"></td></tr>
<tr><td>工作地区</td><td colspan="4"></td></tr>
<tr><td>待遇要求</td><td colspan="4"></td></tr>
<tr><td>到职时间</td><td colspan="4"></td></tr>
<tr><td>技能专长</td><td colspan="4"></td></tr>
<tr><td>语言能力</td><td colspan="4"></td></tr>
<tr><td>教育培训</td><td colspan="4"></td></tr>
<tr><td rowspan="2">教育经历</td><td>时间</td><td colspan="2">所在学校</td><td>学历</td></tr>
<tr><td></td><td colspan="2"></td><td></td></tr>
<tr><td rowspan="6">工作经历</td><td>所在公司</td><td colspan="3"></td></tr>
<tr><td>时间范围</td><td colspan="3"></td></tr>
<tr><td>公司性质</td><td colspan="3"></td></tr>
<tr><td>所属行业</td><td colspan="3"></td></tr>
<tr><td>担任职位</td><td colspan="3"></td></tr>
<tr><td>工作描述</td><td colspan="3"></td></tr>
<tr><td rowspan="3">其他信息</td><td>自我评价</td><td colspan="3"></td></tr>
<tr><td>发展方向</td><td colspan="3"></td></tr>
<tr><td>其他要求</td><td colspan="3"></td></tr>
<tr><td>联系方式</td><td>电话</td><td></td><td>地址</td><td></td></tr>
</table>

任务三　制作个人简历

【操作要求】

制作一份个人简历，如表 3-4 所示。

表 3-4　　个人简历

<table>
<tr><td rowspan="6">个人概况</td><td>姓名：张山</td><td colspan="2">性别：男</td><td>出生年月：1998 年 8 月</td></tr>
<tr><td>身体状况：健康</td><td colspan="2">民族：汉</td><td>身高：176 cm</td></tr>
<tr><td colspan="4">专业：计算机科学与技术</td></tr>
<tr><td colspan="2">学历：本科</td><td colspan="2">政治面貌：党员</td></tr>
<tr><td colspan="2">毕业院校：郑州工业应用技术学院</td><td colspan="2">通信地址：河南省新郑市中华路 1 号</td></tr>
<tr><td colspan="2">联系电话：137××××××××</td><td colspan="2">邮编：451150</td></tr>
<tr><td>个人品质</td><td colspan="4">诚实守信，乐于助人</td></tr>
<tr><td>座右铭</td><td colspan="4">活到老，学到老</td></tr>
<tr><td rowspan="2">受教育情况</td><td colspan="4">教育背景：
2016～2020 年　郑州工业应用技术学院　　计算机科学与技术专业</td></tr>
<tr><td colspan="4">主修课程：
高级语言程序设计、数据结构与算法、计算机组成原理、数据库与信息管理技术、计算机网络原理、操作系统、软件工程、Linux 系统管理与维护</td></tr>
<tr><td rowspan="2">个人能力</td><td colspan="4">语言能力：
◆ 具有较强的语言表达能力
◆ 有一定的英语读、写、听能力，获全国大学生英语四级证书</td></tr>
<tr><td colspan="4">计算机水平：
◆ 具有良好的计算机应用能力，获全国计算机三级证书</td></tr>
<tr><td>社会实践</td><td colspan="4">◆ 2019 年任校学生会主席
◆ 曾参加郑州工业应用技术学院社会实践“三下乡”活动
◆ 在华为公司实习两个月</td></tr>
<tr><td>性格特点</td><td colspan="4">诚实、自信、有恒心、易于相处；有一定协调组织能力，适应能力强；有较强的责任心和吃苦耐劳精神</td></tr>
</table>

实验三　图文混排

一、实验目的

- 熟练掌握分页符、分节符的插入与删除的方法。
- 熟练掌握页眉和页脚的设置方法。
- 熟练掌握分栏排版的设置方法。
- 熟练掌握页面格式的设置方法。
- 掌握插入脚注、尾注、批注的方法。
- 熟练掌握图片和剪贴画插入、编辑及格式设置的方法。

- 熟练掌握 SmartArt 图形插入、编辑及格式设置的方法。
- 掌握绘制和设置自选图形的基本方法。
- 熟练掌握插入和设置文本框、艺术字的方法。
- 掌握文档打印的相关设置方法。

二、相关知识

在 Word 2016 中，要想使文档具有很好的美观效果，仅仅通过编辑和排版是不够的，还需要对页面进行设置，包括页眉和页脚、纸张大小和方向、页边距、页码，是否为文档添加封面及是否将文档设置成稿纸的形式等。有时还需要在文档中适当的位置放置一些图片以增加文档的美观程度。设置完成之后，还可以根据需要选择是否将文档打印输出。

1. 版面设计

使用 Word 2016 的版面设计功能可以对文档进行整体修饰。版面设计的效果要在页面视图方式下才能看见。

在对长文档进行版面设计时，可以根据需要，在文档中插入分页符或分节符。如果要为该文档不同的部分设置不同的版面格式（如不同的页眉和页脚、不同的页码格式等），就要通过插入分节符，将各部分内容分为不同的节，再设置各部分内容的版面格式。

2. 页眉和页脚

页眉和页脚指位于正文每一页的页面顶部或底部的一些描述性文字。页眉和页脚的内容可以是书名、文档标题、日期、文件名、图片、页码等。页面顶部的叫页眉，底部的叫页脚。

还可通过在页眉和页脚插入脚注、尾注或批注，为文档的某些内容添加注释以说明该文本的含义和来源。

3. 插入图片、艺术字等

在 Word 2016 文档中插入图片、艺术字、自选图形、文本框等能够起到丰富版面、增强阅读效果的作用，还可以用功能区的相关工具对它们进行更改和编辑。

图片是由其他文件创建的图形，包括位图、扫描的图片、照片及剪贴画。用户可以通过图片工具“格式”选项卡中的命令等对图片进行编辑和更改。如果要使插入的图片效果更加符合自己的需要，就需要对图片进行编辑。对图片的编辑主要包括对图片的缩放、剪裁、移动、更改亮度和对比度、添加艺术效果、应用图片样式等。Word 2016 的“剪辑库”包含大量的剪贴画，插入这些剪贴画能够增强 Word 文档的艺术效果。

艺术字指具有特殊艺术效果的装饰性文字。用户可以选择多种颜色和多种字体，还可以为艺术字设置阴影、发光、三维旋转等效果，并能对艺术字的形状、边框、填充色、阴影、发光、三维效果等进行设置。

自选图形与艺术字类似，用户也可以对其进行边框、填充、阴影、发光、三维旋转及文字环绕等设置，还可以将多个自选图形组合成更复杂的形状。

文本框可以用来存放文本，是一种特殊的图形对象，用户可以在页面上对其进行位置和大小的调整，并能对其及其中的文字进行边框、填充、阴影、发光、三维旋转等设置。使用文本框可以很方便地将文档内容放置到页面的指定位置，不必受到段落格式、页面设置等因素的影响。

4. SmartArt 工具

Word 2016 中的 SmartArt 工具增加了大量新模板，能够帮助用户制作出精美的文档图表对象。使用 SmartArt 工具，可以非常方便地在文档中插入用于演示流程、层次结构、循环或者关系的 SmartArt 图形。

在文档中插入 SmartArt 图形的操作步骤如下。

（1）将光标定位到文档中要显示图形的位置。

（2）单击功能区“插入”选项卡“插图”区域中的“SmartArt”按钮，打开“选择 SmartArt 图形”对话框，如图 3-3 所示。

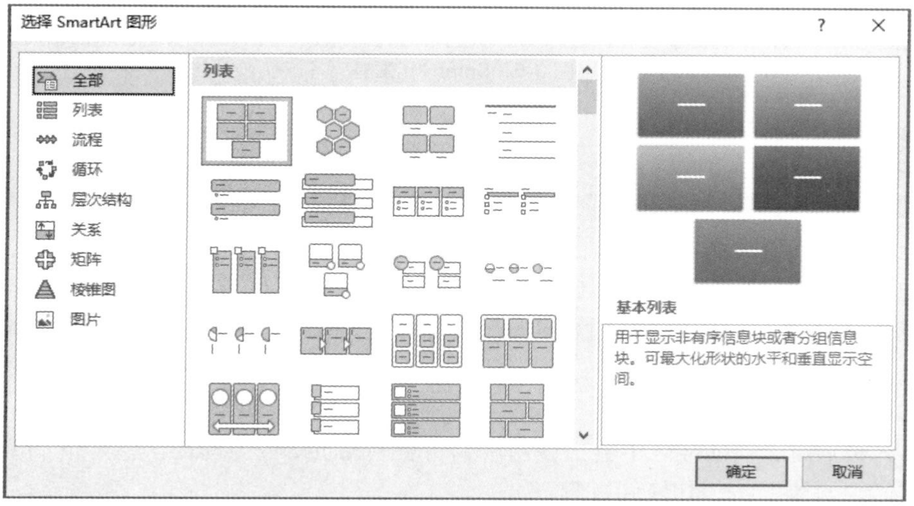

图 3-3 “选择 SmartArt 图形”对话框

（3）对话框左侧列表显示的是 Word 2016 提供的 SmartArt 图形分类列表，有列表、流程、循环、层次结构、关系等。单击某一种类别，就会在对话框中间显示该类别下的所有 SmartArt 图形的图例。单击某一图例，就可以在右侧预览该种 SmartArt 图形，并在预览图的下方看到该图的相关信息。在此选择“层次结构”分类下的组织结构图。

（4）单击“确定”按钮，即可在文档中插入图 3-4 所示的组织结构图。

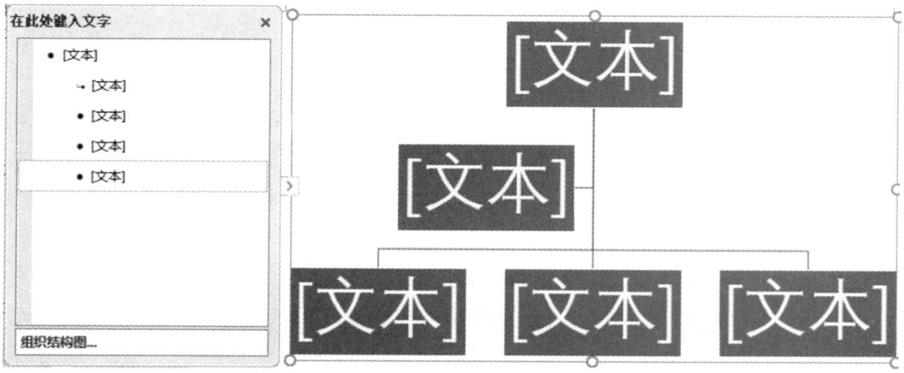

图 3-4　组织结构图

插入组织结构图后，可以通过两种方法在图中添加文字：一种是在图右侧显示“文本”的位置单击鼠标后直接输入；另一种是在图左侧的“在此处输入文字”窗口中输入。输入文字的格式按照预先设计的格式显示，用户也可以根据自己的需要进行更改。

当文档中插入组织结构图后，在功能区中会显示用于编辑 SmartArt 图形的“设计”和“格式”选项卡，如图 3-5 所示。通过 SmartArt 工具可以为 SmartArt 图形进行添加新形状、更改大小、更改布局及形状样式等调整。

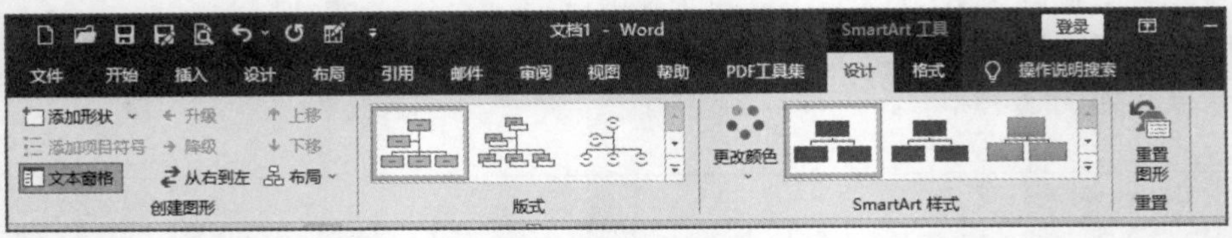

图 3-5　SmartArt 工具

三、实验范例

1. 添加页眉、页脚并对其进行设置

按以下操作步骤练习页眉和页脚的使用。

（1）创建一个新文档，保存为“D:\页眉和页脚.docx”。

（2）单击“插入”选项卡“页眉和页脚”区域中的“页眉”按钮，在弹出的下拉列表中选择内置的页眉样式“空白（三栏）”，之后分别在页眉处的 3 个“键入文字”区域输入自己的班级、学号和姓名。

（3）插入页眉时，在功能区中会出现用于编辑页眉和页脚的“设计”选项卡，单击“导航”区域中的“转至页脚”按钮切换到页脚。

（4）单击“插入”区域中的“日期和时间”按钮，在弹出的“日期和时间”对话框中选择一种日期时间格式，并选中对话框右下角的“自动更新”复选框，单击“确定”按钮。

（5）完成设置后单击“关闭”区域中的“关闭页眉和页脚”按钮关闭页眉和页脚工具。

在进行页眉和页脚设置的过程中，页眉和页脚的内容会突出显示，而正文中的内容则变为灰色的不可编辑状态；关闭页眉和页脚工具后返回到文档编辑状态，而页眉和页脚的内容则变为灰色。此外，还可以在页眉和页脚中显示页码并设置页码格式，显示作者名、文件名、文件大小及文件标题等信息，还能设置首页不同或奇偶页不同的页眉和页脚。

2. 样式

（1）样式的使用

所谓“样式”，就是 Word 内置的或用户命名并保存的一组文档字符及段落格式的组合。用户可以将一个样式应用于任何数量的文字和段落，如需更改使用同一样式的文字或段落的格式，只需更改所使用的样式，这样不管文档中有多少这样的文字或段落，都可一次设置完成。

按以下操作步骤练习样式的使用。

① 新建一个名为“样式.docx”的文档，在新文档中输入文字“样式的使用”。

② 单击“开始”选项卡“样式”区域“样式”列表框中的“标题 1”样式，此时“样式的使用”几个字的字体、字号、段落格式等将自动变成“标题 1”的设置格式。

③ 保存该文件，注意观察结果。

（2）样式的创建

以“样式”列表框中的“标题 2”为基准样式，创建一个新的样式，操作步骤如下。

① 将光标定位于“样式的使用”这句话的任意位置。

② 单击“开始”选项卡“样式”区域右下角的按钮，打开“样式”对话框。

③ 单击“样式”对话框左下角的“新建样式”按钮，弹出“根据格式设置创建新样式”对话框。

④ 在“名称”栏内输入新建样式的名称“16 新建样式 1”，在“样式基准”栏内选择“标题 2”样式，并设置文字为黑体、小三号、居中，字体颜色为蓝色，2 倍行距。

⑤ 单击“确定”按钮。

设置完成后，观察 Word 窗口，这时可见“16 新建样式 1”已经出现在“样式”区域的“样式”列表框中了，并且“样式的使用”这几个字也按照新样式发生了变化。

（3）样式的更改

将样式“16 新建样式 1”的字号由小三号改为一号，由黑体改为宋体，再加上波浪线。操作步骤如下。

① 选中“样式”区域“样式”列表框中的“16 新建样式 1”样式，单击鼠标右键，在弹出的快捷菜单中选择“修改”命令，出现“修改样式”对话框。

② 按照要求对原来的样式进行修改。如果要设置的选项没有在对话框的“格式”区域中显示，则可以通过对话框左下角“格式”下拉列表中的选项来完成设置。

③ 单击“确定”按钮。

设置完成后，返回到 Word 窗口，观察“样式的使用”这几个字的变化。

3. 拼写和语法

在 Word 中可以对英文和中文的拼写与语法进行检查，这个功能大大降低了文本输入的错误率，使单词和语法的准确性更高。

为了能够在输入文本时让 Word 自动进行拼写和语法检查，需要对 Word 进行设置。单击“文件”按钮，在打开的“文件”面板中单击“选项”命令，弹出“Word 选项”对话框，单击左侧列表中的“校对”选项，之后选中对话框右侧“在 Word 中更正拼写和语法时”区域中的“键入时检查拼写”和“随拼写检查语法”复选框，单击“确定”按钮。这样，Word 将自动检查拼写和语法。

当 Word 检查到有错误的英文单词或中文时，就会用红色波浪线标出拼写的错误，用绿色波浪线标出语法的错误。

另外，可用手动方式进行拼写和语法检查。单击“审阅”功能区“校对”区域中的“拼写和语法”按钮，打开“拼写和语法”对话框。其中，“不在词典中”列表框中将显示查到的错误信息，“建议”列表框中则显示 Word 建议替换的内容。此时若要用“建议”列表框中的内容替换错误信息，可以选中“建议”列表框中的一个替换选项，然后单击“更改”按钮。若要跳过此次的检查，则可单击“忽略一次”按钮。如果单击“添加到词典”按钮，则可将当前拼写检查后的错误信息加入词典，以后检查到这些内容时，Word 都将视其为正确。

注意：为了提高拼写检查的准确性，可以在“拼写和语法”对话框中的“词典语言”下拉列表中选择用于拼写检查的字典。

四、实验要求

任务一　使用 Word 2016 对文档进行设置

在本章“实验一”中“任务二”的基础上继续完成本次任务。

【操作要求】

① 完成本章“实验一”中“任务二”的操作要求。

② 页面设置：B5 纸，各边距均为 1.8cm，不要装订线。

③ 为第一段文字添加艺术效果，设置轮廓为浅蓝色、“外部、居中偏移”阴影，为最后一段文字加拼音。

④ 在页眉处输入自己的姓名、班级、学号，居中显示，在页脚处插入页码，居中显示。

⑤ 将文档中最后 3 行的内容替换为以下内容。

- Wingdings 字体里的☺、☪、☎、🕒。
- Wingdings2 字体里的☏、☚、◈、⌘。

⑥ 最后插入日期，不自动更新，右对齐。

⑦ 在 D 盘建立一个以自己名字命名的文件夹存放自己的 Word 文档作业，该作业以“自己的名字+2”命名。

任务二　使用 Word 2016 对以下文字排版

【原文】

相信很多人都会误以为这张图片里的飞机是一些小模型，而实际上，这是一张移轴镜摄影（Tilt-Shift Photography）照片。移轴镜摄影是一种以追求现实与想象为表现形式的拍摄方法，它利用一种特殊的镜头使普通的事物在照片里产生这种独特的效果，致力于传达一种溶于真实世界中的虚幻意识，提供了一种介于真实世界和虚幻想象中的强烈视觉，让观者更多地觉得是在看一个模型而非真实世界。

用移轴镜头拍摄的北京奥运现场

移轴镜头

移轴摄影镜头是一种能调整所摄影像透视关系或实现全区域聚焦的摄影镜头。

移轴摄影镜头最主要的特点是，可在相机机身和胶片平面位置保持不变的前提下，使整个摄影镜头的主光轴平移、倾斜或旋转，以达到调整所摄影像透视关系或全区域聚焦的目的。移轴摄影镜头的基准清晰像场大得多，这是为了确保在摄影镜头光主轴平移、倾斜或旋转后仍能获得清晰的影像。移轴摄影镜头又被称为“TS”镜头（“TS”是英文“Tilt&Shift”的缩写，即“倾斜和移位”）、斜拍镜头、移位镜头等。

【操作要求】

制作表格，并按以下要求对文字进行编辑排版，得到图 3-6 所示的效果。

（1）标题是艺术字，样式为“渐变填充-蓝色，强调文字颜色 1”，居中显示，字体为黑体、36 号，环绕方式为“上下型环绕”；正文文字是宋体、小四号；每段的首行有两个汉字的缩进，第一段为多倍行距 1.25 倍，其余段为单倍行距。

（2）纸张设置为 A4，上下左右边界均为 2cm。

（3）为正文中的第一句话设置“渐变填充-橙色，强调文字颜色 6，内部阴影”型文本艺术效果。

（4）正文文本有特殊修饰效果，包括首字下沉，设置为红色，文字加着重号、突出显示、加边框和底纹等设置，具体设置参考图 3-6。

图 3-6　样本

（5）插入任意两张图片，按图 3-6 所示来改变其大小和位置，并设置为紧密型环绕。在第二张图片上插入文本框，文本框格式设为无填充颜色并加入文字，边框设为浅蓝色、1 磅。

（6）在页眉处填写本人的院系、专业、班级、姓名、学号，文字为宋体、小五号，居中显示；在页脚处插入日期。

（7）制作表格，可参考图 3-6 所示样本，内容可随意输入。表格名设置为艺术字，样式为“填充-红色，强调文字颜色 2，暖色粗糙棱台”，居中显示，字体为黑体、24 号，环绕方式为“上下型环绕”；表格中的文字是宋体、小五号，依照文字内容设置单元格对齐方式（如文字内容为“左上对齐”，则单元格对齐方式设置为靠上左对齐）。表格四周边框线设为 2.25 磅、浅蓝色，其余表格线设为 1.5 磅、紫色。

（8）文档背景设为填充信纸纹理。

04

第4章 使用 Excel 2016 制作电子表格

实验一 工作表的创建与格式编排

一、实验目的

- 掌握 Excel 2016 的基本操作方法。
- 掌握在 Excel 2016 中输入各种类型数据的方法。
- 掌握修改数据及编辑工作表的方法与步骤。
- 掌握数据格式化的方法与步骤。
- 掌握对工作簿的操作方法，包括插入、删除、移动、复制、对工作表重命名等。
- 掌握格式化工作表的方法。

二、相关知识

在 Excel 2016 中，文字通常是字符或者数字和字符的组合。输入到单元格内的任何字符和字符集，只要不被系统解释为数字、公式、日期、时间、逻辑值，那么 Excel 2016 一律将其视为文字。而对于全部由数字组成的字符串，Excel 2016 提供了在它们之前添加“'”（单引号）的方法来区分“数字字符串”和“数字型数据”。

当建立工作表时，所有的单元格都采用默认的数字格式。当数字的长度超过单元格的宽度时，Excel 2016 将自动使用科学计数法来表示输入的数字。

在表格中输入数据时，有时可能会输入许多相同的内容，如性别、年份等；有时还会输入一些等差序列或等比序列（如编号等），或输入自定义的序列。这时可以使用 Excel 2016 的“填充功能”轻松完成输入。

在制作工作表的过程中，还要对工作表进行格式化操作，以制作出更为醒目和美观的工作表。

1. Excel 2016 的主要功能与窗口组成

（1）Excel 2016 的主要功能：制作表格、运算数据、管理数据、建立图表。

（2）Excel 2016 的窗口组成：快速访问工具栏、标题栏、选项卡、功能区、窗口操作按钮、工作簿窗口按钮、帮助按钮、名称框、编辑栏、编辑窗口、状态栏、滚动条、工作表标签、视图按钮及显示比例等。

2. Excel 2016 的基本操作

（1）文件操作

① 建立新工作簿：启动 Excel 2016 后，直接选择“空白工作簿”即可建立新工作簿。也可在打开的文件中选择“文件”→“新建”命令，选择“空白工作簿”建立新工作簿，或者单击“快速访问工具栏”上的新建按钮新建空白工作簿。

② 打开已有工作簿：如果要对已存在的工作簿进行编辑，就必须先打开该工作簿。直接双击要打开的 Excel 文件，也可以选择“文件”→“打开”命令，选择要打开的 Excel 文件，或者单击“快速访问工具栏”上的打开按钮，在出现的对话框中输入或选择要打开的文件，单击“打开”按钮即可打开已有工作簿。

③ 保存工作簿：当完成对一个工作簿的建立、编辑操作后，就可将其保存起来，若该文件已被保存过，可直接对其修改内容进行保存；若该文件未被保存过，系统会弹出保存文件的对话框，用户可以选择保存文件的位置和名称。

④ 关闭工作簿。

（2）选定单元格操作

① 选定单个单元格。

② 选定连续或不连续的单元格区域。

③ 选定行或列。

④ 选定所有单元格。

（3）工作表的操作

① 选定工作表：选定单个工作表、多个工作表、全部工作表、取消选择工作表。

② 工作表重命名。

③ 移动工作表。

④ 复制工作表。

⑤ 插入工作表。

⑥ 删除工作表。

（4）输入数据

① 输入文本。

② 输入数值。

③ 输入日期和时间。

④ 输入批注。

⑤ 自动填充数据。

⑥ 自定义序列。

3. 编辑工作表

（1）编辑和清除单元格中的数据。

（2）移动和复制单元格。

（3）插入单元格及行和列。

（4）删除单元格及行和列。

（5）查找和替换内容。

（6）给单元格加批注。

（7）命名单元格。

（8）编辑工作表。

① 设定工作表的页数。

② 激活工作表。

③ 插入工作表。

④ 删除工作表。

⑤ 移动工作表。

⑥ 复制工作表。

⑦ 重命名工作表。

⑧ 拆分与冻结工作表。

4. 格式化工作表

（1）设置字符、数字、日期及对齐格式。

（2）调整行高和列宽。

（3）设置边框、底纹和颜色。

5. 使用条件格式

使用条件格式可以基于条件更改单元格区域的外观，有助于突出显示用户关注的单元格或单元格区域，强调异常值，使用数据条、颜色刻度和图标集可直观地显示数据。

6. 套用表格格式

Excel 2016 提供了一些已经制作好的表格格式，用户在制作报表时可以套用这些格式，制作出既漂亮又专业的表格。

7. 使用单元格样式

要在一个步骤中应用几种格式，并确保各个单元格格式一致，可以使用单元格样式。单元格样式是一组已定义的格式特征，这些格式特征包括字体和字号、数字格式、单元格边框和单元格底纹等。

三、实验范例

建立“学生成绩表”，输入内容如表 4-1 所示，具体操作步骤如下。

表 4–1　学生成绩表

姓名	课程名称				平均成绩
	高等数学	英语	计算机基础	体育	
付金昂	89	92	95	96	
李俊龙	78	89	92	88	
苏宇航	67	74	88	79	
张峻宁	86	87	90	89	
马萧萧	53	76	85	76	
李娜娜	69	86	75	77	

（1）建立工作表

① 录入数据。双击工作表标签“Sheet1”，输入新名称“学生成绩表”覆盖原有名称，将表头、记录等数据输入表中。选中 B1:E1 单元格区域，将这几个单元格合并，然后用同样的方法将 A1:A2、F1:F2 单元格区域合并。合并后的表如图 4-1 所示。

姓名	课程名称				平均成绩
	高等数学	英语	计算机基础	体育	
付金昂	89	92	95	96	
李俊龙	78	89	92	88	
苏宇航	67	74	88	79	
张峻宁	86	87	90	89	
马萧萧	53	76	85	76	
李娜娜	69	86	75	77	

图 4-1　录入数据

② 输入标题，设置工作表格式。在表的最上方插入一行，将 A1 至 F1 的单元格合并，文字居中，然后输入标题，设置标题文字为楷体、红色、24 号。调整该行高度使其与字体的高度匹配。

③ 在表的最右方新加一列：总成绩。

将表格其余部分调整为图 4-2 所示的样式。

学生成绩表						
姓名	课程名称				平均成绩	总成绩
	高等数学	英语	计算机基础	体育		
付金昂	89	92	95	96		
李俊龙	78	89	92	88		
苏宇航	67	74	88	79		
张峻宁	86	87	90	89		
马萧萧	53	76	85	76		
李娜娜	69	86	75	77		

图 4-2　格式调整

（2）格式化表格

给表格加上合适的框线、底纹，如图 4-3 所示。

学生成绩表						
姓名	课程名称				平均成绩	总成绩
	高等数学	英语	计算机基础	体育		
付金昂	89	92	95	96		
李俊龙	78	89	92	88		
苏宇航	67	74	88	79		
张峻宁	86	87	90	89		
马萧萧	53	76	85	76		
李娜娜	69	86	75	77		

图 4-3　格式化后的表格

（3）使用条件格式

使用条件格式对表格中不及格的成绩突出显示，如图 4-4 所示。

	A	B	C	D	E	F	G
1	学生成绩表						
2	姓名	课程名称				平均成绩	总成绩
3		高等数学	英语	计算机基础	体育		
4	付金昂	89	92	95	96		
5	李俊龙	78	89	92	88		
6	苏宇航	67	74	88	79		
7	张峻宁	86	87	90	89		
8	马萧萧	53	76	85	76		
9	李娜娜	69	86	75	77		

图 4-4　使用条件格式后的表格

（4）套用表格格式

在 Excel 2016 提供的表格格式中选择一种格式对表格进行美化，如图 4-5 所示。

	A	B	C	D	E	F	G
1	学生成绩表						
2	列1	列2	列3	列4	列5	列6	列7
3	姓名	课程名称				平均成绩	总成绩
4		高等数学	英语	计算机基础	体育		
5	付金昂	89	92	95	96		
6	李俊龙	78	89	92	88		
7	苏宇航	67	74	88	79		
8	张峻宁	86	87	90	89		
9	马萧萧	53	76	85	76		
10	李娜娜	69	86	75	77		

图 4-5　套用表格格式

四、实验要求

任务一　制作表格并格式化

制作图 4-6 所示表格并对其进行格式化。

【操作要求】

（1）标题：将 A1:G1 单元格区域合并，文字设为楷体、22 号、蓝色、加粗、居中。

（2）表头及第一列文字：宋体、11 号、居中、加粗。

（3）所有的数据都设置成居中显示方式。

（4）不及格分数用粉红色的字突出显示。

（5）内框线用细线描绘，外框线用粗线描绘（注意使用多种方法，既可以用“开始”选项卡“字体”区域的“框线”下拉列表进行设置，也可以用“笔”工具选好线型后直接画出）。

（6）给表格套用格式，本例用的是套用格式中浅色第三行中的第五个。

最后效果如图 4-6 所示。

	A	B	C	D	E	F	G
1	学生成绩表						
2	列1	列2	列3	列4	列5	列6	列7
3	姓名	课程名称				平均成绩	总成绩
4		高等数学	英语	计算机基础	体育		
5	付金昂	89	92	95	96		
6	李俊龙	78	89	92	88		
7	苏宇航	67	74	88	79		
8	张峻宁	86	87	90	89		
9	马萧萧	53	76	85	76		
10	李娜娜	69	86	75	77		

图 4-6　任务一表格效果图

任务二　制作表格并设置

制作图 4-7 所示的表格并设置。

【操作要求】

（1）表头文字：宋体、11 号、居中、加粗。

（2）所有的数据对齐方式参照图 4-7 进行设置。

（3）各列数据用合适的数据填充方式进行填充。

（4）内框线用细线描绘，外框线用粗线描绘。

（5）将所有含“讲师”的单元格设置成“浅红填充色深红色文本”。

部门	姓名	性别	入职日期	职称	主讲课程
医学院	李军	男	1985/8/1	教授	儿科护理
基础部	张鸣	男	1985/9/1	副教授	高等数学
医学院	刘兰	女	1985/9/1	副教授	妇产科
外语学院	孙华	女	1981/8/1	教授	口语
信息学院	张卫东	男	2002/9/1	讲师	程序设计
外语学院	张丹峰	男	2002/9/1	讲师	英语精读
信息学院	李子正	男	1980/8/1	教授	数据库
外语学院	马向齐	男	2002/9/1	讲师	口语
机电学院	王建东	男	1980/8/1	教授	电子技术
外语学院	王东刚	男	2002/9/1	讲师	英语精读
机电学院	刘华	女	1985/9/1	副教授	车床加工
外语学院	燕冰	女	2002/9/1	讲师	口语
机电学院	胡军	男	1985/9/1	副教授	车辆工程

图 4-7　任务二表格效果图

实验二　公式与函数的应用

一、实验目的

- 掌握单元格相对地址与绝对地址的应用方法。
- 掌握公式的使用方法。
- 掌握常用函数的使用方法。

二、相关知识

在 Excel 2016 中经常会用到公式与函数。公式与函数都是以“=”作为起始的。

1. 单元格引用类型

在公式中可以引用本工作簿或其他工作簿中任何单元格区域的数据。公式中引用的数据是单元格区域地址，引用后，公式的运算结果随着被引用单元格中值的变化而变化。

单元格的引用根据单元格被复制到其他单元格时地址是否改变，分为相对引用、绝对引用和混合引用 3 种类型。单元格的引用主要有以下几种形式。

① 同一工作簿同一工作表的单元格引用。

② 同一工作簿不同工作表的单元格引用。

③ 不同工作簿的单元格引用。

2. 公式

（1）输入公式：单击要输入公式的单元格，在单元格中首先输入一个等号，然后输入公式，最后按<Enter>键。Excel 2016 会自动计算公式表达式的结果，并将结果显示在相应的单元格中。

（2）公式的引用：引用分为相对引用、绝对引用和混合引用。同学们还需掌握同一工作簿中不同工作表之间的单元格引用及不同工作簿之间的单元格引用。

3. 函数

函数实际上是一些预先定义好的特殊公式，运用一些参数进行特定的顺序或结构计算，然后返回一个值。

（1）函数的分类：Excel 2016 提供了财务函数、统计函数、日期与时间函数、查找与引用函数、数学和三角函数等函数。一个函数包含等号、函数名称、函数参数 3 部分。函数的一般格式为“=函数名（参数）”。

（2）函数的输入：函数的输入有两种方法，一种是在单元格中直接输入函数，另一种是使用“插入函数”对话框插入函数。

（3）常用函数种类：常用的函数包括 SUM 函数、AVERAGE 函数、MAX 函数、MIN 函数、COUNT 函数、COUNTIF 函数、IF 函数、RANK 函数等。

三、实验范例

制作图 4-8 所示的表格。

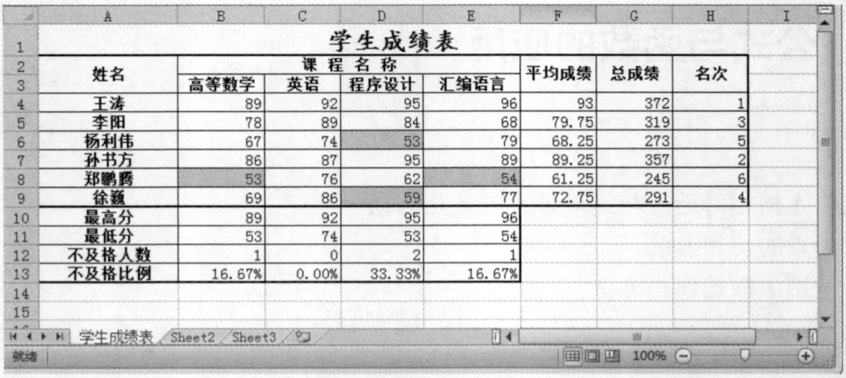

学生成绩表							
姓名	课程名称				平均成绩	总成绩	名次
	高等数学	英语	程序设计	汇编语言			
王涛	89	92	95	96	93	372	1
李阳	78	89	84	68	79.75	319	3
杨利伟	67	74	53	79	68.25	273	5
孙书方	86	87	95	89	89.25	357	2
郑鹏腾	53	76	62	54	61.25	245	6
徐巍	69	86	59	77	72.75	291	4
最高分	89	92	95	96			
最低分	53	74	53	54			
不及格人数	1	0	2	1			
不及格比例	16.67%	0.00%	33.33%	16.67%			

图 4-8 实验范例表格

操作步骤如下。

（1）制作标题：在 A1 单元格中输入“学生成绩表”，将文字设置成楷体、加粗、18 号，然后将 A1 至 H1 单元格合并，文字居中。

（2）基本内容的输入：输入 A2:A13、B2:E9、F2:H2 单元格区域中各单元格的内容，如图 4-8 所示。注意：其中部分单元格需要合并。

（3）函数的应用。利用函数求出各单元格中所需的数据，具体如下。

F4：= AVERAGE(B4:E4)，利用拖动柄拖动，得出 F5:F9 单元格区域中的数据。

G4：=SUM(B4:E4)，利用拖动柄拖动，得出 G5:G9 单元格区域中的数据。

H4：=RANK(G4,$G$4:$G$9)，利用拖动柄拖动，得出 H5:H9 单元格区域中的数据。

B10：=MAX(B4:B9)，利用拖动柄拖动，得出 C10:E10 单元格区域中的数据。

B11：=MIN(B4:B9)，利用拖动柄拖动，得出 C11:E11 单元格区域中的数据。

B12：=COUNTIF(B4:B9,"<60")，利用拖动柄拖动，得出 C12:E12 单元格区域中的数据。

B13：=B12/COUNT(B4:B9)，利用拖动柄拖动，得出 C13:E13 单元格区域中的数据，并设置数字格式为百分比形式，且只有两位小数。

（4）给表格加上相应的边框，不及格的成绩突出显示。

四、实验要求

任务一 掌握表格的制作与函数的使用

【操作要求】

制作与实验范例一样的表格，要求平均成绩、总成绩、名次、最高分、最低分、不及格人数及不及格比例都要用函数计算，熟练掌握 SUM 函数、AVERAGE 函数、MAX 函数、MIN 函数、COUNT 函数、COUNTIF 函数、IF 函数及 RANK 函数的应用方法。

任务二 掌握同一工作簿不同工作表的单元格之间的引用方法

【操作要求】

（1）利用“学籍卡”表格（见图 4-9）完善“学生成绩表”。

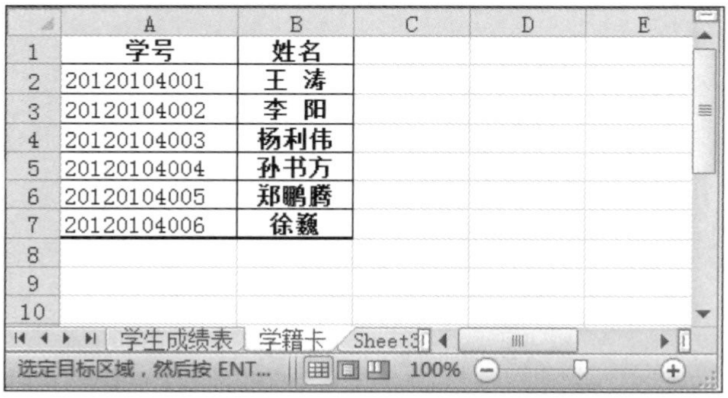

	A	B	C	D	E
1	学号	姓名			
2	20120104001	王 涛			
3	20120104002	李 阳			
4	20120104003	杨利伟			
5	20120104004	孙书方			
6	20120104005	郑鹏腾			
7	20120104006	徐巍			
8					
9					
10					

图 4-9 “学籍卡”表格

（2）在“学生成绩表”第一列左侧插入一列“学号”，并合并“学号”单元格（A2:A3 单元格区域），如图 4-10 所示。

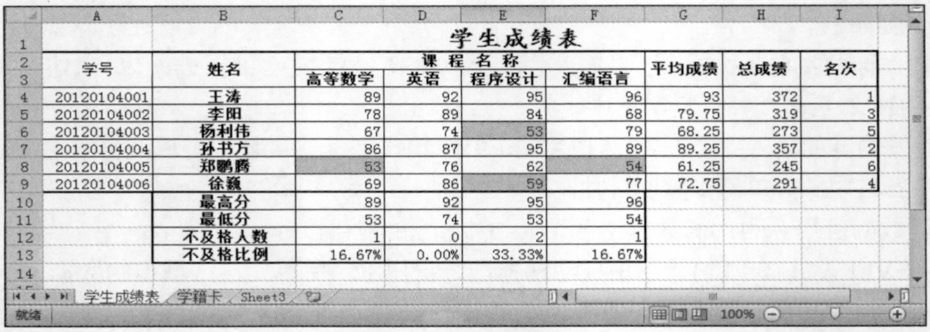

学生成绩表

学号	姓名	课程名称				平均成绩	总成绩	名次
		高等数学	英语	程序设计	汇编语言			
20120104001	王涛	89	92	95	96	93	372	1
20120104002	李阳	78	89	84	68	79.75	319	3
20120104003	杨利伟	67	74	53	79	68.25	273	5
20120104004	孙书方	86	87	95	89	89.25	357	2
20120104005	郑鹏腾	53	76	62	54	61.25	245	6
20120104006	徐颖	69	86	59	77	72.75	291	4
	最高分	89	92	95	96			
	最低分	53	74	53	54			
	不及格人数	1	0	2	1			
	不及格比例	16.67%	0.00%	33.33%	16.67%			

图 4-10　引用学籍卡

（3）选定工作表“学生成绩表”中用于记录学生学号的 A4 单元格，插入“=”，然后单击“学籍卡”中的 A2 单元格，可以看到“学生成绩表”中 A4 单元格的地址栏中显示“=学籍卡!A2”，按<Enter>键即可完成不同工作表中单元格之间的引用操作，然后用拖动柄将 A5:A9 单元格区域自动填充即可。

（4）合理地调整表格外框线的位置，结果如图 4-10 所示。

实验三　数据分析与图表创建

一、实验目的

- 掌握快速排序、复杂排序及自定义排序的方法。
- 掌握自动筛选、自定义筛选和高级筛选的方法。
- 掌握分类汇总的方法。
- 掌握合并计算的方法。
- 掌握各种图表（如柱形图、折线图、饼图等）的创建方法。
- 掌握图表的编辑及格式化的操作方法。
- 掌握快速突显数据的迷你图的创建方法。
- 掌握 Excel 文档页面设置的方法与步骤。
- 掌握 Excel 文档的打印设置及打印方法。

二、相关知识

在 Excel 2016 中，数据清单是对数据库表的约定称呼，它与数据库一样，也是一个二维表。数据清单在工作表中是一片连续且无空行和空列的数据区域。

Excel 2016 支持对数据清单（或数据库表）进行编辑、排序、筛选、分类汇总、合并计算和创建数据透视表等各项数据管理操作。

1. 数据管理

Excel 2016 不但具有数据计算的能力，而且提供了强大的数据管理功能。运用数据的排序、筛选、分类汇总、合并计算和数据透视表等功能，可以实现对复杂数据的分析与处理。

（1）数据排序

① 快速排序：对单列数据进行升序排序或降序排序。

② 复杂排序：通过设置“排序”对话框中的多个排序条件对数据表中的数据内容进行排序。首先按照主关键字排序，对于主关键字相同的记录，则按次要关键字排序，若记录的主关键字和次要关键字都相同，再按第三关键字排序。排序时，如果要排除第一行的标题行，则选中“数据包含标题”复选框；如果数据表没有标题行，则不选“数据包含标题”复选框。

③ 自定义排序：用户根据自己的特殊需要自定义的排序方式。

（2）数据筛选

数据筛选的主要功能是将符合要求的数据集中显示在工作表上，将不符合要求的数据暂时隐藏，从而从数据库中检索出有用的数据信息。Excel 2016 中常用的数据筛选方式有以下 4 种。

① 自动筛选：进行简单条件的筛选。

② 自定义筛选：提供多条件定义的筛选，在筛选数据时更加灵活。

③ 高级筛选：以用户设定的条件对数据表中的数据进行筛选，可以筛选出同时满足两个或两个以上条件的数据。

④ 撤销筛选：单击“数据”选项卡下“排序和筛选”区域中的“筛选”按钮即可取消筛选。

（3）分类汇总

在对数据排序后，可根据需要对数据进行简单分类汇总和多级分类汇总。

2. 图表创建与编辑

（1）图表创建

为使表格中的数据关系更加直观，可以将数据以图表的形式表示出来。通过创建图表用户可以更加清楚地了解各数据之间的关系和数据之间的变化情况，方便对数据进行对比和分析。根据数据特征和观察角度的不同，Excel 2016 提供了柱形图、折线图、饼图、条形图、面积图、*XY* 散点图、股价图、曲面图、圆环图、气泡图和雷达图等供用户选用，每一类图表又有若干个子类型。

在 Excel 2016 中，无论建立哪一种图表，都只需选择图表类型、图表布局和图表样式，便可以很轻松地创建具有专业外观的图表。

（2）图表编辑

① 设置图表的“设计”选项。

- 图表的数据编辑。
- 数据行/列之间的快速切换。
- 选择放置图表的位置。
- 图表类型与样式的快速改换。

② 设置图表的“布局”选项。

- 设置图表标题。
- 设置坐标轴标题。
- 在图表工具“布局”选项卡下的“标签”区域中添加、删除或放置图表图例、数据标签、数据表。

- 单击图表工具“布局”选项卡“插入”区域中的下拉按钮，选择展开列表中的相应选项可以对图表进行插入图片、形状和文本框的相关设置。
- 设置图表的背景、分析图和属性。

③ 设置图表元素的“格式”选项。

（3）快速突显数据的迷你图

Excel 2016 提供了“迷你图”功能，利用该功能在一个单元格中也可绘制出简洁、漂亮的小图表，并且可以醒目地呈现出数据中潜在的价值信息。

3. **打印工作表**

在 Excel 2016 中，表格的打印设置与 Word 中文档的打印设置有很多相同的地方，但也有不同的地方，如打印区域的设置、页眉和页脚的设置、打印标题的设置，以及打印网格线和行号、列号的设置等。

如果只想打印工作表中的某部分数据，可以先选定要打印输出的单元格区域，将其设置为“打印区域”后再执行打印命令。

如果想在每一页重复地打印出表头，只需在“打印标题”区域的“顶端标题行”编辑栏输入或用鼠标选定要重复打印输出的行即可。

打印输出之前需要先进行页面设置，再进行打印预览，如果对编辑的效果感到满意，就可以正式打印工作表了。

三、实验范例

编辑图 4-11 所示的职员信息表，从中筛选出年龄在 20～30 岁的回族研究生、藏族副编审和所有文化程度为大学本科的人员信息。

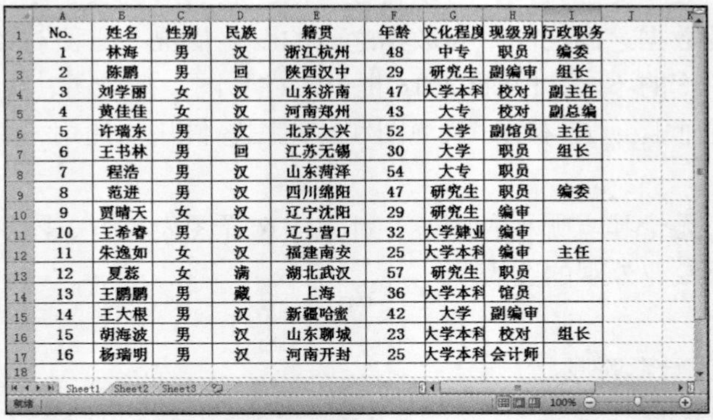

No.	姓名	性别	民族	籍贯	年龄	文化程度	现级别	行政职务
1	林海	男	汉	浙江杭州	48	中专	职员	编委
2	陈鹏	男	回	陕西汉中	29	研究生	副编审	组长
3	刘学丽	女	汉	山东济南	47	大学本科	校对	副主任
4	黄佳佳	女	汉	河南郑州	43	大专	校对	副总编
5	许瑞东	男	汉	北京大兴	52	大学	副馆员	主任
6	王书林	男	回	江苏无锡	30	大学	职员	组长
7	程浩	男	汉	山东菏泽	54	大专	职员	
8	范进	男	汉	四川绵阳	47	研究生	职员	编委
9	贾晴天	女	汉	辽宁沈阳	29	研究生	编审	
10	王希睿	男	汉	辽宁营口	32	大学肄业	编审	
11	朱逸如	女	汉	福建南安	25	大学本科	编审	主任
12	夏蕊	女	满	湖北武汉	57	研究生	职员	
13	王鹏鹏	男	藏	上海	36	大学本科	馆员	
14	王大根	男	汉	新疆哈密	42	大学	副编审	
15	胡海波	男	汉	山东聊城	23	大学本科	校对	组长
16	杨瑞明	男	汉	河南开封	25	大学本科	会计师	

图 4-11　职员信息表

操作步骤如下。

（1）新建一个 Excel 表格，输入图 4-11 所示的数据。

（2）在表格的上方连续插入 4 个空行，在 A1:E4 单元格区域中输入高级筛选条件，如图 4-12 所示。

（3）首先筛选“年龄在 20～30 岁的回族研究生”。选定 B5:I21 单元格区域的数据，单击“编辑”选项卡“排序和筛选”区域中的“筛选”按钮，此时各列的右边出现一个下拉小三角，单击“年龄”右侧的小三角，在出现的下拉列表中选择“数字筛选”→“自定义筛选”命令，在弹出的“自定义自动筛选方式”对话框中选择“大于或等于”“20”及“小于或等于”“30”，如图 4-13 所示。单击“确定”按钮，结果如图 4-14 所示。

	A	B	C	D	E	F	G	H	I	J
1	年龄	年龄	民族	文化程度	现级别					
2	>20	<30	回	研究生						
3			藏		副编审					
4				大学本科						
5	No.	姓名	性别	民族	籍贯	年龄	文化程度	现级别	行政职务	
6	1	林海	男	汉	浙江杭州	48	中专	职员	编委	
7	2	陈鹏	男	回	陕西汉中	29	研究生	副编审	组长	
8	3	刘学丽	女	汉	山东济南	47	大学本科	校对	副主任	
9	4	黄佳佳	女	汉	河南郑州	43	大专	校对	副总编	
10	5	许瑞东	男	汉	北京大兴	52	大学	副馆员	主任	
11	6	王书林	男	回	江苏无锡	30	大学	职员	组长	
12	7	程浩	男	汉	山东菏泽	54	大专	职员		
13	8	范进	男	汉	四川绵阳	47	研究生	职员	编委	
14	9	贾晴天	女	汉	辽宁沈阳	29	研究生	编审		
15	10	王希睿	男	汉	辽宁营口	32	大学肄业	编审		
16	11	朱逸如	女	汉	福建南安	25	大学本科	编审	主任	
17	12	夏蕊	女	满	湖北武汉	57	研究生	职员		
18	13	王鹏鹏	男	藏	上海	36	大学本科	馆员		
19	14	王大根	男	汉	新疆哈密	42	大学	副编审		
20	15	胡海波	男	汉	山东聊城	23	大学本科	校对	组长	
21	16	杨瑞明	男	汉	河南开封	25	大学本科	会计师		
22										

图 4-12　输入高级筛选条件样图

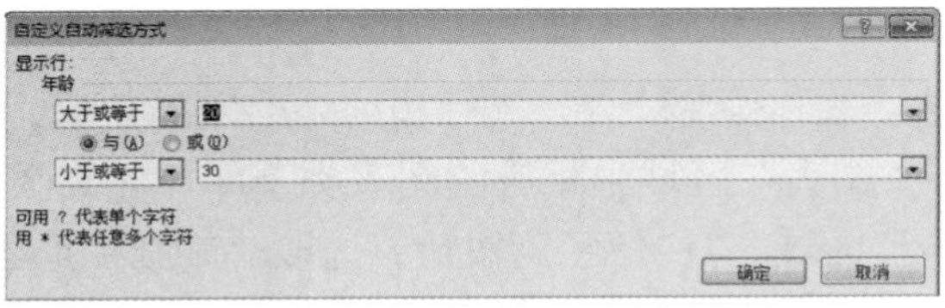

图 4-13 “自定义自动筛选方式”对话框

	A	B	C	D	E	F	G	H	I
1	年龄	年龄	民族	文化程度	现级别				
2	>20	<30	回	研究生					
3			藏		副编审				
4				大学本科					
5	No.	姓名	性别	民族	籍贯	年龄	文化程	现级别	行政职
7	2	陈鹏	男	回	陕西汉中	29	研究生	副编审	组长
11	6	王书林	男	回	江苏无锡	30	大学	职员	组长
14	9	贾晴天	女	汉	辽宁沈阳	29	研究生	编审	
16	11	朱逸如	女	汉	福建南安	25	大学本科	编审	主任
20	15	胡海波	男	汉	山东聊城	23	大学本科	校对	组长
21	16	杨瑞明	男	汉	河南开封	25	大学本科	会计师	

图 4-14 “年龄在 20～30 岁”自定义筛选结果

同理，分别单击“民族”与“文化程度”，设置相应的筛选方式，筛选后的效果如图 4-15 所示。

	A	B	C	D	E	F	G	H	I	J
1	年龄	年龄	民族	文化程度	现级别					
2	>20	<30	回	研究生						
3			藏		副编审					
4				大学本科						
5	No.	姓名	性别	民族	籍贯	年龄	文化程	现级别	行政职	
7	2	陈鹏	男	回	陕西汉中	29	研究生	副编审	组长	
22										
23										

图 4-15 “年龄在 20～30 岁的回族研究生”筛选结果

（4）取消刚才的筛选，再次用同样的方法筛选“藏族的副编审”，可发现无人符合该条件；筛选“所有文化程度为大学本科”的人员信息，结果如图 4-16 所示。

	A	B	C	D	E	F	G	H	I
1	年龄	年龄	民族	文化程度	现级别				
2	>20	<30	回	研究生					
3			藏		副编审				
4				大学本科					
5	No.	姓名	性别	民族	籍贯	年龄	文化程	现级别	行政职
8	3	刘学丽	女	汉	山东济南	47	大学本科	校对	副主任
16	11	朱逸如	女	汉	福建南安	25	大学本科	编审	主任
18	13	王鹏鹏	男	藏	上海	36	大学本科	馆员	
20	15	胡海波	男	汉	山东聊城	23	大学本科	校对	组长
21	16	杨瑞明	男	汉	河南开封	25	大学本科	会计师	
22									

图 4-16 “所有文化程度为大学本科”的筛选结果

四、实验要求

从不同角度分析、比较图表数据，根据不同的管理目标选择不同的图表类型进行分析。

操作步骤如下。

（1）启动 Excel，编辑图 4-17 所示的表格数据，将该表命名为“产品销量情况表”。其中“合计”列要求用函数求出。

	A	B	C	D	E	F	G
1	产品销量情况表						
2							单位：件
3		A产品	B产品	C产品	D产品	E产品	合计
4	一月	234	530	770	960	2175	4669
5	二月	228	477	765	1369	1733	4572
6	三月	200	344	793	2043	2384	5764
7	四月	103	441	845	2380	2657	6426
8	五月	358	370	852	2265	2164	6009
9	六月	352	449	871	2550	1875	6097
10	七月	395	411	726	2798	1297	5627
11	八月	543	376	913	2587	2150	6569
12	九月	587	430	902	2776	1287	5982
13	十月	779	397	913	2993	1987	7069
14	十一月	638	408	965	2672	1356	6039
15	十二月	698	378	985	2458	1873	6392
16	合计	5115	5011	10300	27851	22938	71215

图 4-17　某企业在一年内各月各种产品的销量表

（2）利用“图表向导”制作图表，并进行分析。

现在根据下述要求变换图表类型进行数据分析。

① 分析比较一年来各月各种产品的销量。选中表格中除“合计”行和列外的所有数据，即选定 A3:F15 单元格区域。单击“插入”选项卡“图表”区域中相应的图表类型即可完成图表的插入，例如，依次单击“插入”选项卡、“图表”区域、“柱形图”按钮，选取“二维柱形图”中的“簇状柱形图”，结果如图 4-18 所示。或者单击工具栏中的“图表向导”按钮，根据向导提示，按默认设置完成图表制作。根据图表即可对各月各种产品销售情况进行分析比较。

② 分析比较一年来各种产品各月的销量。选中图 4-18 所示的图表，再依次单击“设计”选项卡“数据”区域中“切换行/列”按钮，即可得出各种产品在各月的销量情况，结果如图 4-19 所示。根据图表即可对各种产品各月的销售情况进行分析比较。

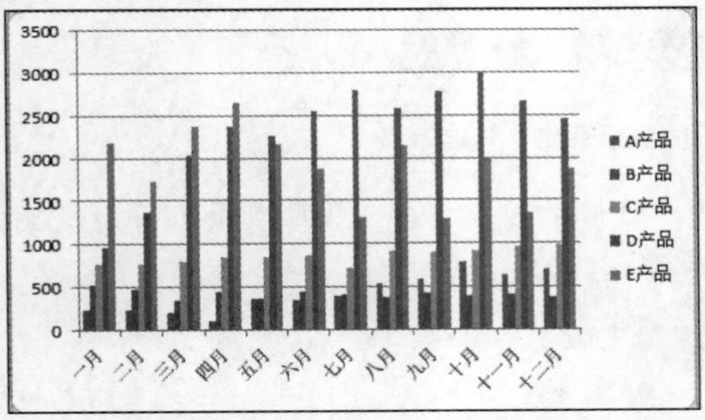

图 4-18　各月各种产品销量柱形图

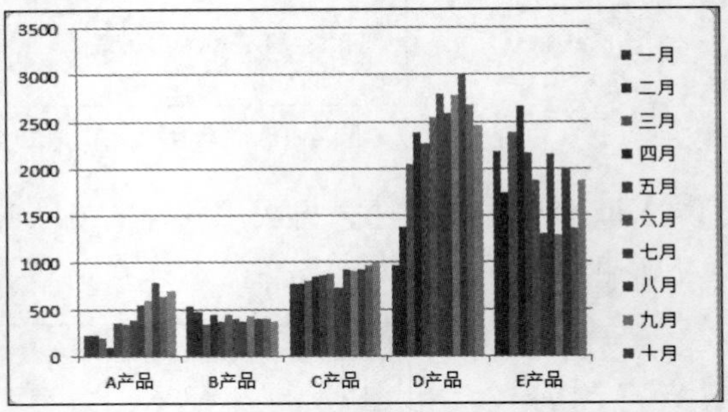

图 4-19　各种产品各月销量柱形图

（3）对数据进行筛选显示。例如，只显示 12 个月中销量超过 6 000 件的月份，或显示在 12 个月中总销量超过 20 000 件的产品。

（4）保存文件并关闭系统。

05 第 5 章　使用 PowerPoint 2016 制作演示文稿

实验一　演示文稿的创建与修饰

一、实验目的

- 学会创建新的演示文稿。
- 学会修改演示文稿中的文字及在演示文稿中插入图片。
- 学会将模板应用于演示文稿。
- 学会在演示文稿上自定义动画。
- 了解如何在演示文稿中插入声音。
- 学会使用超链接。
- 学会对演示文稿的放映进行设置。

二、相关知识

PowerPoint 是一款专门用于制作演示文稿的应用软件，也是 Microsoft Office 系列软件的重要组成部分。使用 PowerPoint 可以制作出集文字、图形、图像、音频及视频等多媒体元素于一体的演示文稿，让信息以更轻松、更高效的方式表达出来。

PowerPoint 2016 在继承了旧版本特点的同时，还调整了工作环境及工具按钮，使用起来更加直观和便捷。

对于初学者来说，使用 PowerPoint 2016 要注意以下三个方面。

1. **注意条理性**

使用 PowerPoint 制作演示文稿的目的，是将要叙述的问题以提纲挈领的方式表现出来，让观众一目了然。如果仅是将一篇文章分成若干片段，平铺直叙地表现出来，则显得乏味，难以提起观众的兴趣。一个好的演示文稿应紧紧围绕作者要表达的中心思想，划分不同的层次段落，编制文档的目录结构。同时，为了加深观众的印象和理解，这个目录结构应在演示文稿中重复出现，即在文档的开始要全面阐述，告知观众本文要讲解的几个要点；在每个内容段之间也要出现，并对下文即将要叙述的段落标题给予显著标志，以告知观众将要转移话题。

2. 自然胜过花哨

很多人在设计演示文稿时，为了使之精彩纷呈，常常煞费苦心地在样式上大做文章，例如添加艺术字体、变换颜色、穿插五花八门的动画效果等。这样的演示看似精彩，其实往往弄巧成拙，因为样式过多会分散观众的注意力，让观众难以把握内容重点，即达不到预期的演示效果。好的演示文稿要保持淳朴自然、简洁一致，最重要的是文章的主题要与演示的目的协调配合。

3. 使用技巧实现特殊效果

在演示文稿中为了阐明一个问题可以采用一些图示及特殊动画效果，但是 PowerPoint 中的动画有时也难以满足用户的需求。例如采用闪烁效果说明一段文字时，该文字在演示中若只是一闪而过，观众根本无法看清，为了达到闪烁不停的效果，还需要借助一定的技巧，组合使用动画效果才能实现。还有一种情况，演讲者需要在 PowerPoint 中引用其他的文档资料、图片、表格或从某点展开演讲，此时可以使用超链接。但在使用时一定要注意“有去有回”，设置好返回链接，必要时可以使用自定义放映，否则在演示中可能会出现跳到了引用处，却回不了原引用点的情况。

三、实验范例

1. 创建演示文稿

创建演示文稿的方式有多种：用内容提示向导建立演示文稿，系统提供了包含不同主题、建议内容及相应版式的演示文稿示范，供用户选择；用模板建立演示文稿，可以采用系统提供的不同风格的设计模板，将它套用到当前演示文稿中；用空白演示文稿的方式创建演示文稿，用户可以不拘泥于向导的束缚及模板的限制，发挥自己的创造力制作出独具风格的演示文稿。

用户可以用以下两种方式创建新的演示文稿。

（1）新建空白演示文稿

新建空白演示文稿的方法有以下 3 种。

① 启动 PowerPoint 2016 后，直接选择“空白演示文稿”即可建立新空白演示文稿。

② 也可在打开的文件中选择“文件”→“新建”命令，选择“空白演示文稿”，即可新建空白演示文稿，如图 5-1 所示。

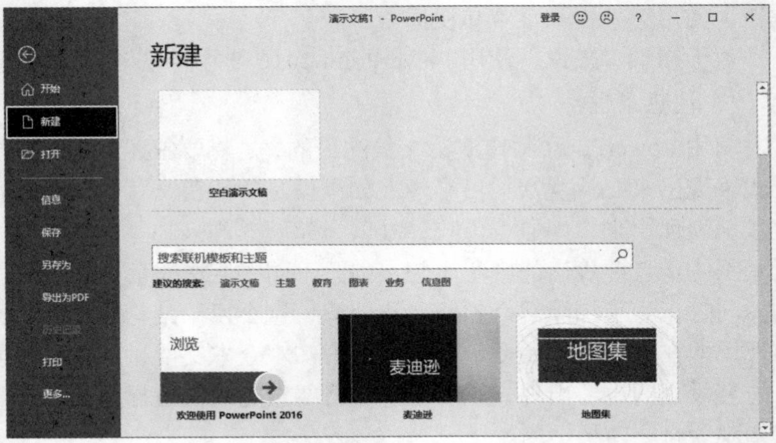

图 5-1　新建空白演示文稿

③ 通过“快速访问工具栏”，直接单击“新建”按钮即可新建一个空白演示文稿。

（2）根据“模板和主题”创建

选择“文件”→“新建”命令，在右侧窗格中选择需要的模板和主题，单击“创建”按钮，即可创建一个新的演示文稿。

2. 保存和关闭演示文稿

（1）通过“文件”按钮：单击窗口左上角的“文件”按钮，在弹出的菜单中选择“保存”命令，类似 Word、Excel，如果演示文稿是第一次保存，系统会显示保存文件的对话框，用户可选择保存文件的位置和名称。需要注意，PowerPoint 2016 生成的文档文件的默认扩展名是“pptx”。这是一个非向下兼容的文件类型，如果希望将演示文稿保存为使用早期的 PowerPoint 版本可以打开的文件，可以单击“文件”按钮，选择“另存为”命令，在弹出对话框的“保存类型”下拉列表中选择其中的“PowerPoint 97-2003 演示文稿”选项。

（2）通过“快速访问工具栏”：直接单击“快速访问工具栏”中的“保存”按钮。

（3）通过键盘：按<Ctrl>+<S>组合键，即可保存文档。

3. 编辑幻灯片

（1）新建幻灯片

选择“开始”→“新建幻灯片”命令或在大纲视图的结尾直接按<Enter>键。

（2）编辑、修改幻灯片

选择要编辑、修改的幻灯片，选择其中的文本、图表、剪贴画等对象，具体的编辑方法和 Word 类似。

（3）插入和删除幻灯片

① 添加新幻灯片：既可以在演示文稿浏览视图中添加新幻灯片，也可以在普通视图的大纲窗格中添加新幻灯片，其效果是一样的。

- 选择需要在其后插入新幻灯片的幻灯片。
- 直接按<Enter>键可添加一张与上一张幻灯片版式相同的幻灯片；选择“开始”→“新建幻灯片”命令，在出现的“Office 主题”中选择一个合适的幻灯片版式直接单击即可完成插入。

② 删除幻灯片：即可以在演示文稿浏览视图中进行，也可以在大纲视图中直接选择要删除的幻灯片进行删除。

- 选择需要删除的幻灯片，选择“开始”→“剪切”命令，或按<Delete>键即可将其删除。
- 若要删除多张幻灯片，可切换到演示文稿浏览视图，按<Ctrl>键并单击要删除的各幻灯片，然后按<Delete>键即可删除所选幻灯片。

（4）调整幻灯片的位置

可以在除“幻灯片放映”视图以外的任何视图中调整幻灯片的位置。

① 用鼠标选中要移动的幻灯片。

② 按住鼠标左键，拖动鼠标。

③ 将幻灯片拖动到合适的位置后松手，在拖动的过程中，普通视图下有一条横线指示幻灯片的位置，在浏览视图中有一条竖线指示幻灯片的移动目标位置。

此外还可以用“剪切”和“粘贴”命令来移动幻灯片。

（5）为幻灯片编号

创建演示文稿后，可以为全部幻灯片添加编号，操作步骤如下。

① 选择“插入”→“幻灯片编号”命令，出现图 5-2 所示的“页眉和页脚”对话框，在其中进行相应的设置即可。

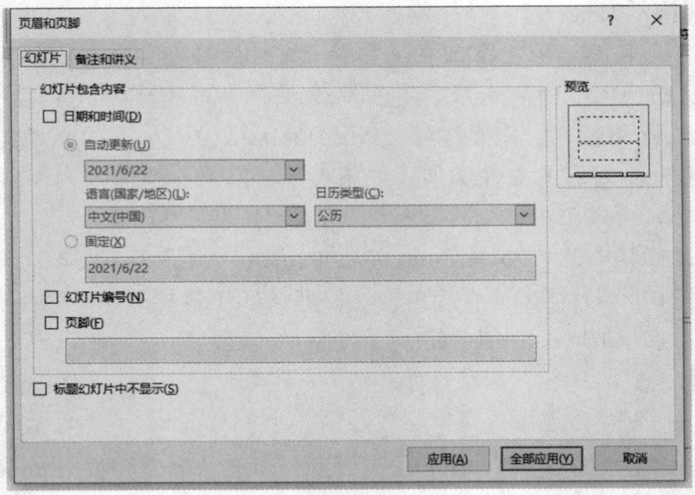

图 5-2 “页眉和页脚”对话框

② 在该对话框中，还可以为幻灯片添加备注信息。选择“备注和讲义”选项卡，即可为备注和讲义添加信息，如日期和时间等。

③ 根据需要，单击“全部应用”或“应用”按钮。

（6）隐藏幻灯片

用户可以把暂时不需要放映的幻灯片隐藏起来。

单击“视图”选项卡“演示文稿视图”区域中的“幻灯片浏览”按钮，在要隐藏的幻灯片上单击鼠标右键，对其进行相应的“隐藏幻灯片”设置，设置完毕后，该幻灯片右下角的编号上出现一条斜杠，表示该幻灯片已被隐藏起来。

若想取消隐藏幻灯片，则选中该幻灯片，再单击一次“隐藏幻灯片”按钮。

4. 在幻灯片中插入各种对象

（1）插入图片和艺术字对象

① 在普通视图中，选择要插入图片或艺术字的幻灯片。

② 根据需要，选择菜单栏“插入”→“图像”区域中的合适选项，如“图片”，打开“插入图片”对话框，找到自己想要的图片插入即可，如图 5-3 所示。

在幻灯片中插入对象的处理方式及工具使用情况与在 Word 中相似。

（2）插入表格和图表

① 在普通视图中，选择要插入表格或图表的幻灯片。

② 根据需要，选择菜单栏中的“插入”→“表格”或“图表”命令。

③ 如果插入的是表格，在“插入表格”对话框的“行”和“列”框中分别输入所需的表格行数和列数，对表格的编辑操作与在 Word 中对表格的操作相似。

④ 如果插入的是图表，则显示“插入图表”对话框，如图 5-4 所示，可根据需要修改表中的标题和数据。对图表的具体操作与在 Excel 中对图表的操作相似。

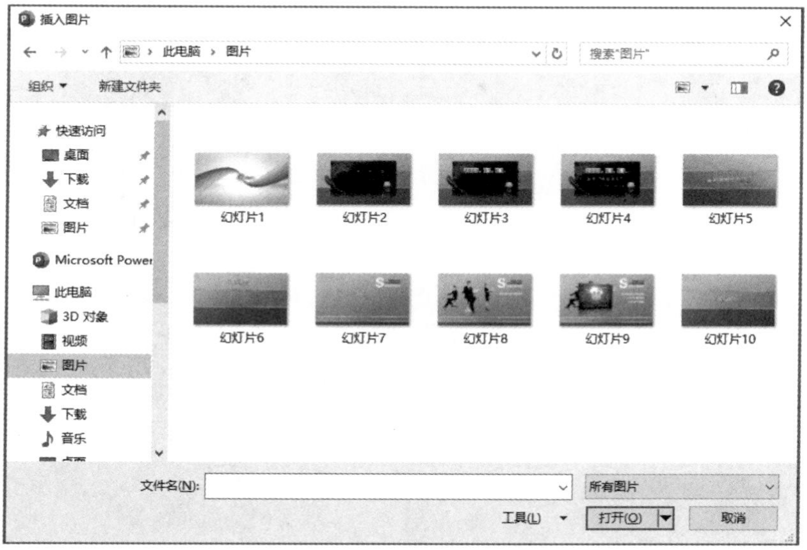

图 5-3 “插入图片”对话框

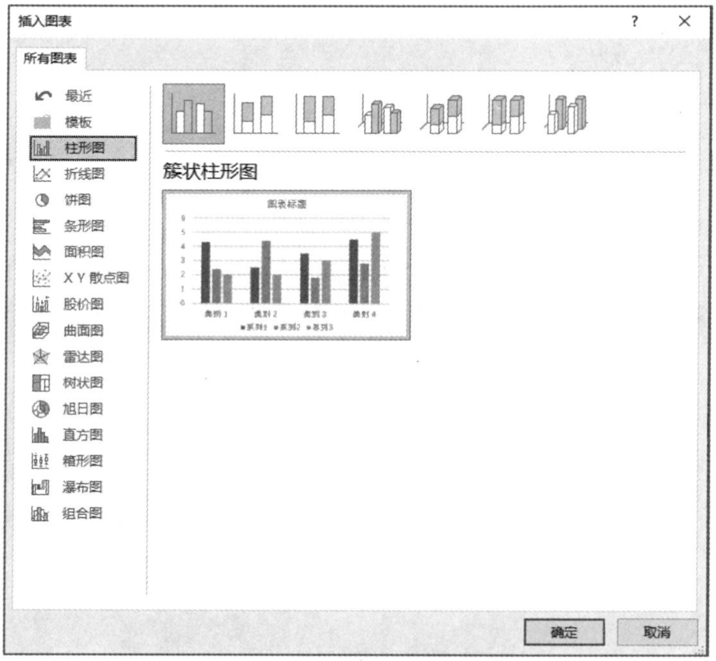

图 5-4 “插入图表”对话框

（3）插入 SmartArt 图形

① 在普通视图中，选择要插入 SmartArt 图形的幻灯片。

② 选择菜单栏中的“插入”→“插图”→“SmartArt”命令。

③ 使用 SmartArt 图形的工具和菜单来设计图表，如图 5-5 所示。

要删除已插入的对象，可选中要删除的对象，然后按<Delete>键。

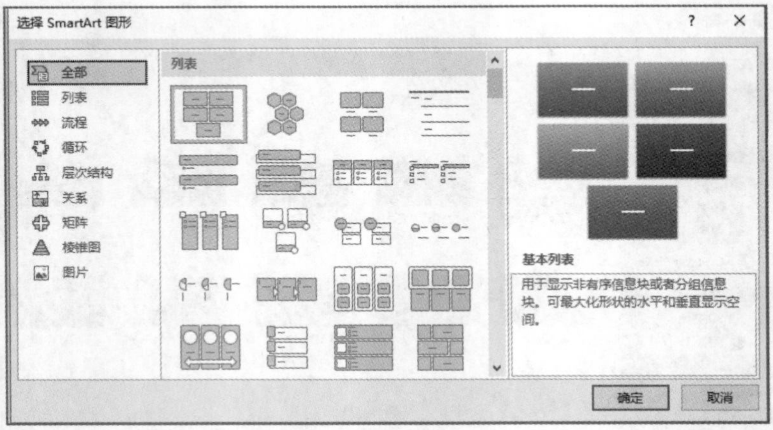

图 5-5　插入 SmartArt 图形

5. 放映幻灯片

（1）选择要观看的幻灯片。

（2）选择“幻灯片放映”菜单“开始放映幻灯片”区域中合适的选项即可开始放映。

（3）按鼠标左键连续放映幻灯片。

（4）按<Esc>键退出放映。

6. 演示文稿背景设置

为了使制作的演示文稿更加美观，PowerPoint 2016 提供了丰富的主题样式。用户可以根据不同的需求进行选择，还可以对创建的主题样式进行修改，以达到满意的效果。

（1）设置主题样式

单击“设计”选项卡，在“主题”组中选择需要的样式，如“基础”，效果如图 5-6 所示。

图 5-6　设置主题样式

（2）设置主题变体

① 设置了主题样式后，如果用户对该样式的外观不满意，可以更改主题外观。单击“设计”选项卡，在“变体”组中选择合适的外观即可，如图 5-7 所示。

图 5-7　更改主题外观

② 设置了主题样式后，如果用户对该样式的颜色不满意，还可以更改主题颜色、字体、效果及背景样式。单击“设计”选项卡，选择“变体”组中的“其他”按钮，在下拉选项中设置“颜色”“字体”及“效果”，效果如图 5-8 所示。

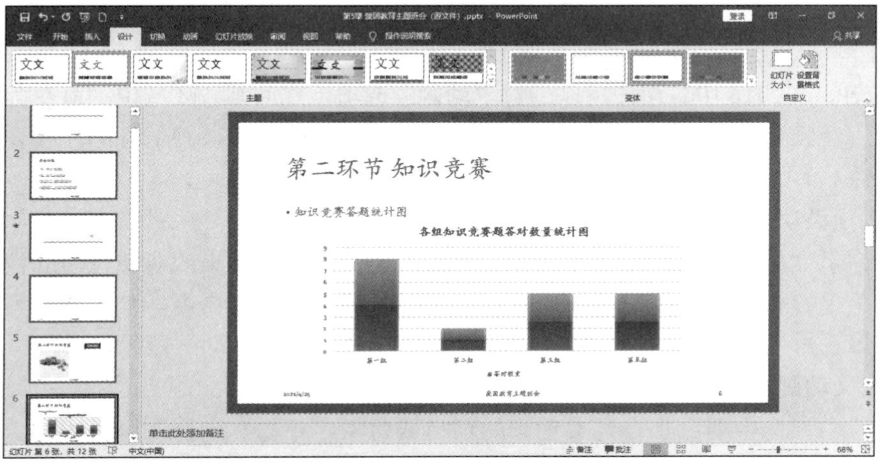

图 5-8　设置主题变体

四、实验要求

按照实验要求完成实验。

任务一　设计一个介绍中国传统节日的演示文稿

具体要求如下。

（1）幻灯片不能少于 5 张。

（2）第一张幻灯片的主要内容是演示文稿的标题，其中副标题中的内容必须是本人的信息，包括姓名、专业、年级、班级、学号、考号。

（3）其他幻灯片中要包含与题目要求相关的文字、图片或艺术字。

（4）除标题页幻灯片外，每张幻灯片上都要显示页码。

（5）选择至少两种“应用设计模板”或者“背景”对演示文稿进行设置。

任务二　设计一个和天文相关的演示文稿

具体要求如下。

（1）幻灯片总页数不少于 10 张。

（2）第一张幻灯片的主要内容是演示文稿的标题，其中副标题中的内容必须是本人的信息，包括姓名、专业、年级、班级、学号、考号。

（3）其他幻灯片中要包含与题目要求相关的文字、图片或艺术字。

（4）除标题页幻灯片外，每张幻灯片上都要显示页码。

（5）选择一种“应用设计模板”或者“背景”对演示文稿进行设置。

实验二　动画效果设置

一、实验目的

- 学会在演示文稿上自定义动画。
- 了解在演示文稿上插入音频和视频的方法。

二、相关知识

在 PowerPoint 2016 中，用户可以通过“动画”选项卡“动画”区域中的命令为幻灯片上的文本、形状、音频和其他对象设置动画，这样就可以突出重点，控制信息的流程，并提高演示文稿的趣味性。

1. 快速预设动画效果

首先将演示文稿切换到普通视图方式，单击需要增加动画效果的对象，将其选中，然后单击“动画”菜单，根据自己的爱好，选择“动画”区域中合适的命令。如果想观察自己设置的各种动画效果，可以单击“动画”菜单中的“预览”命令，演示动画效果。

2. 自定义动画功能

在幻灯片中，选中要添加自定义动画的项目或对象，单击“动画”区域中的“添加动画”按钮，系统会弹出“添加动画”下拉菜单，单击“进入”类别中的“旋转”选项，完成自定义动画的初步设置，如图 5-9 所示。

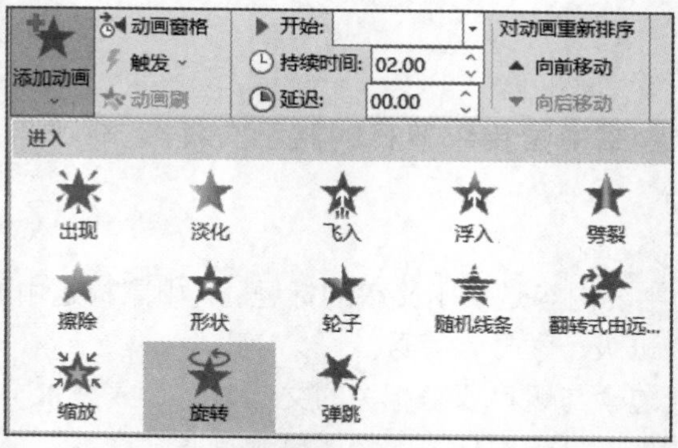

图 5-9　添加自定义动画

为幻灯片项目或对象添加了动画效果以后，该项目或对象的旁边会出现一个带有数字的彩色矩形标志，此时用户还可以对刚刚设置的动画进行修改。例如，修改触发方式、持续时间等。

当用户为同一张幻灯片中的多个对象设定了动画效果以后，它们之间的顺序还可以通过选择“对动画重新排序”中的“向前移动”或“向后移动”命令进行调整。

3. 插入音频和视频

首先将想用作背景音乐的音频文件下载至计算机，然后单击“插入”选项卡下“媒体”区域中的“音频”按钮，选择“文件中的音频”，选中音频文件并单击“插入”按钮，即可将音频文件作为背景音乐插入幻灯片中。

插入视频文件的操作与插入音频基本一致，在“插入”选项卡的“媒体”区域中单击“视频”按钮旁的下拉箭头，系统会显示“文件中的视频”“来自网站的视频”“剪贴画视频”等选项。例如，选择添加一个“文件中的视频”，此时系统会打开“插入视频文件”对话框，用户选择了一个要插入的视频文件后，幻灯片上就会出现该视频文件的窗口，用户可以像编辑其他对象一样，改变它的大小和位置。用户可以通过“视频工具”对插入的视频文件的播放、音量等进行设置。完成设置之后，该视频文件会按用户的设置，在放映幻灯片时播放。

三、实验范例

1. 设置幻灯片切换效果

幻灯片的切换指当前幻灯片以何种形式从屏幕上消失，以及下一页幻灯片以什么样的形式显示在屏幕上。设置幻灯片的切换效果，可以使幻灯片以多种不同的形式出现在屏幕上，并且可以伴随切换声音，使演示文稿更有趣味性。用户可以为一组幻灯片设置同一种切换方式，也可以为每张幻灯片设置不同的切换方式。

幻灯片切换效果的设置方式如下。

（1）选择要设置切换方式的幻灯片，选择“切换”选项卡，出现“切换到此幻灯片”列表，如图 5-10 所示，在列表中选择合适的动画效果。

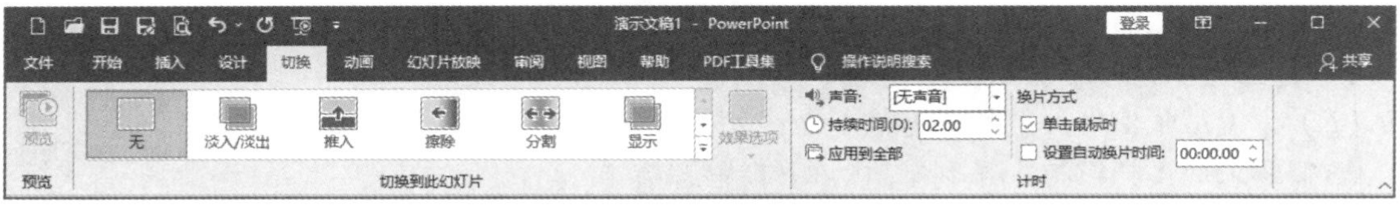

图 5-10 “切换到此幻灯片”列表

（2）在“切换”选项卡的“计时”区域中再选择切换的“声音”和“持续时间”，如“风铃”声，并自定义时间。如果在此设置中没有选择“全部应用”，则前面的设置只对选中的幻灯片有效。

2. 自定义对象效果

在 PowerPoint 中，除了可以设置幻灯片切换效果，还可以为对象添加自定义动画。所谓自定义动画，指为幻灯片内部各个对象设置的动画。

添加自定义动画效果的方法如下。

（1）选择幻灯片中需要设置动画效果的对象，选择“动画”选项卡。在“高级动画”组中单击“添加动画”下拉按钮。

（2）单击“其他动作路径”选项，在下拉列表中选择相应的动画效果即可。

在给演示文稿中的多个对象添加动画效果时，添加效果的顺序就是演示文稿放映时的播放次序。当演示文稿中的对象较多时，难免在添加效果时使动画次序产生错误，这时可以在添加完动画效果后，再对其重新调整。具体步骤如下。

- 在“动画窗格”的动画效果列表中，单击需要调整播放次序的动画效果。

- 单击窗格底部的“上移”按钮或“下移”按钮来调整该动画的播放次序。
- 单击“上移”按钮表示将该动画的播放次序提前，单击“下移”按钮表示将该动画的播放次序向后移一位。
- 单击窗格顶部的“播放”按钮即可播放动画。

3. **设置超链接**

在 PowerPoint 中，超链接指从一张幻灯片到另一张幻灯片、一个网页或一个文件的连接。超链接本身可能是文本或对象（如图片、图形、形状或艺术字）。表示超链接的文本用下画线显示，图片、形状和其他对象的超链接没有附加格式。要熟练设置超链接就需要掌握编辑超链接、删除超链接、编辑动作链接 3 项操作。

四、实验要求

按照实验要求完成实验。

任务一　以环保为主题设计一个宣传片

具体要求如下。

（1）幻灯片不能少于 10 张。

（2）第一张幻灯片是“标题演示文稿”，其中副标题中的内容必须是本人的信息，包括姓名、专业、年级、班级、学号、考号。

（3）其他幻灯片中要包含与题目要求相关的文字、图片或艺术字，并且这些对象要通过“自定义动画”进行设置。

（4）除“标题演示文稿”之外，每张幻灯片上都要显示页码。

（5）选择一种“应用设计模板”或“背景”对文件进行设置。

（6）设置每张幻灯片的切入方法，至少使用 3 种。

（7）要求使用超链接，顺利地进行幻灯片跳转。

（8）幻灯片的整体布局合理、美观大方。

任务二　设计一个你看过的电影或电视剧海报

具体要求如下。

（1）幻灯片不能少于 15 张。

（2）第一张幻灯片是“标题演示文稿”，其中副标题中的内容必须是本人的信息，包括姓名、专业、年级、班级、学号、考号。

（3）其他幻灯片中要包含与题目要求相关的文字、图片或艺术字，并且这些对象要通过“自定义动画”进行设置。

（4）除“标题演示文稿”之外，每张幻灯片上都要显示页码。

（5）选择一种“应用设计模板”或者“背景”对文件进行设置。

（6）设置每张幻灯片的切入方式，至少使用 3 种。

（7）要求使用超链接，顺利地进行幻灯片跳转。

（8）幻灯片的整体布局合理、美观大方。

任务三　制作一个介绍“共和国勋章”获得者的演示文稿

具体要求如下。

（1）第一张幻灯片是标题幻灯片。

（2）第二张幻灯片为“共和国勋章”获得者简介。

（3）在第三张幻灯片中介绍“共和国勋章”获得者的事迹，它们要通过超链接链接到相应的幻灯片上。

（4）在每个事迹的介绍中应该有不少于1张的相关图片。

（5）选择一种合适的模板。

（6）幻灯片中的部分对象应有两种以上的动画设置。

（7）幻灯片之间应有两种以上的切换设置。

（8）幻灯片的整体布局合理、美观大方。

06

第 6 章　数据库设计基础

实验一　数据库和表的创建

一、实验目的

- 熟练掌握数据库的创建、打开及利用窗体查看数据库的方法。
- 掌握数据库记录的排序、数据查询的方法。
- 掌握对数据表进行编辑、修改、创建字段索引的方法。

二、相关知识

1. 设计一个数据库

在 Access 中，要设计一个合理的数据库，最主要的是设计合理的表及表间的关系。

设计 Access 数据库的主要步骤如下。

（1）需求分析

需求分析就是对要解决的实际应用问题做详细的调查，了解要解决问题的组织机构、业务规则，确定创建数据库的目的，确定数据库要完成哪些操作、数据库要建立哪些对象。

（2）建立数据库

创建一个空 Access 数据库，对数据库命名时，要使名字尽量体现数据库的内容，要做到“见名知义”。

（3）建立数据库中的表

数据库中的表是数据库的基础数据来源。确定需要建立的表，是设计数据库的关键，表设计得好坏直接影响数据库其他对象的设计及使用。

设计能够满足需要的表，要考虑以下内容。

① 每一个表只能包含一个主题信息。

② 表中不要包含重复信息。

③ 表拥有的字段个数和数据类型。

④ 字段要具有唯一性和基础性，不要包含推导或计算数据。

⑤ 所有的字段集合要包含描述表主题的全部信息。

⑥ 确定表的主键字段。

（4）确定表间的关联关系

在多个主题的表间建立表间的关联关系，使数据库中的数据得到充分利用，同时对于复杂的问题，可先将其化解为简单的问题后再组合，会使解决问题的过程变得容易。

（5）创建其他数据库对象

设计查询、报表、窗体、宏、数据访问页、模块等数据库对象。

2. 数据库中的对象

在一个 Access 2016 数据库文件中，有表、查询、窗体、报表、页、宏、模块等基本对象，它们处理所有数据的保存、检索、显示及更新。

表是数据库中用来存储数据的对象，它是整个数据库系统的数据源，也是数据库其他对象的基础。Access 2016 的数据表提供了一个矩阵，矩阵中的每一行称为一条记录，每一行唯一地定义了一个数据集合；矩阵中的若干列称为字段，字段用于存放不同的数据类型，具有一些相关的属性。

Access 中的查询包括选择查询、计算查询、参数查询、交叉表查询、操作查询和 SQL 查询。

报表和窗体都是通过界面设计进行数据定制输出的载体。

3. 创建数据库

创建数据库，可以使用以下两种方法。

（1）创建空白数据库

启动 Access 2016，单击“新建”→“空白数据库”按钮，在弹出的对话框的“文件名”文本框中输入文件名，如“学生管理数据库”，设置好要创建的数据库的存储路径，单击“创建”按钮，即创建空白数据库。

（2）使用模板创建数据库

启动 Access 2016，在“新建”选项中可使用已用过的模板和“联机模板”来创建数据库。已用过的模板是本机之前使用过的模板，“联机模板”是在线下载的模板。

选择模板后，在弹出的对话框的“文件名”文本框中输入自定义的数据库文件名，也可单击后面的文件夹按钮设置存储位置，然后单击“创建”按钮，系统则按选中的模板自动创建新数据库，数据库文件扩展名为 accdb。

创建完成后，系统进入按模板新创建的数据库主界面。用户只需单击“新建”按钮即可添加记录。

此时，一个包含表、窗体、报表等数据库对象的数据库创建结束。

4. 数据库的打开与关闭

（1）数据库的打开

Access 2016 提供了 3 种方法来打开数据库：一是在数据库存放的路径下找到需要打开的数据库文件，直接双击即可打开；二是在 Access 2016 的“文件”选项卡中选择“打开”命令；三是通过最近使用过的文档快速打开。

（2）数据库的关闭

完成数据库操作后，便可关闭数据库。可使用“文件”选项卡中的“关闭”命令，或单击要关闭数据库窗口中的“关闭”按钮关闭当前数据库。

三、实验范例

1. 实验内容

（1）创建“学籍管理”数据库。“学籍管理”数据库的表结构如表 6-1 所示。

表 6–1　“学籍管理”数据库

学号	姓名	性别	出生日期	班级	政治面貌	本学期平均成绩
2020101	赵一民	男	1998/9/1	计算机 20-4	团员	89
2020102	王林芳	女	1997/1/12	计算机 20-4	团员	67
2020103	夏林	男	1996/7/4	计算机 20-4	团员	78
2020104	刘俊	男	1997/12/1	计算机 20-4	团员	88
2020105	郭新国	男	1998/5/2	计算机 20-4	团员	76
2020106	张玉洁	女	1997/11/3	计算机 20-4	团员	63
2020107	魏春花	女	1997/9/15	计算机 20-4	团员	74
2020108	包定国	男	1998/7/4	计算机 20-4	团员	50
2020109	花朵	女	1998/10/2	计算机 20-4	团员	90

（2）删除第 5 个记录，再将其追加进去。

（3）查询数据库中“本学期平均成绩”高于 70 分的学生，并将其“学号”“姓名”“本学期平均成绩”打印出来。

（4）将“学籍管理”数据库按平均成绩从高到低重新排列并打印输出，报表显示“学号”“姓名”“性别”“成绩”字段。

2. 操作步骤

（1）创建“学籍管理”数据库

具体步骤如下。

① 启动 Access 2016，选择“新建”中的“空白数据库”选项，在右侧选择该库文件存放的位置，如“D：\”，确定库名“学籍管理.accdb”，再单击“创建”按钮，如图 6-1 所示。新创建的空白数据库窗口如图 6-2 所示。

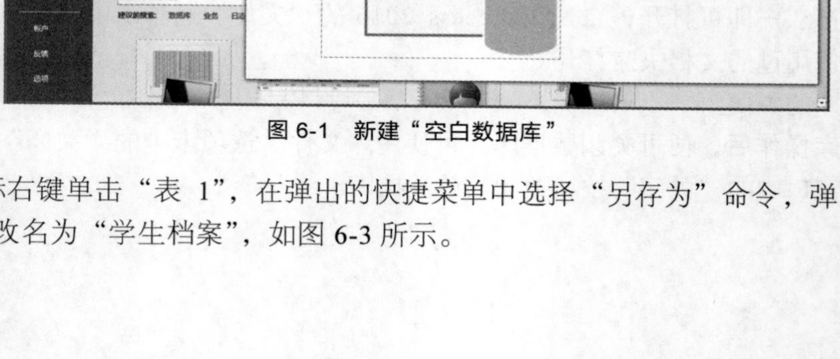

图 6-1　新建“空白数据库”

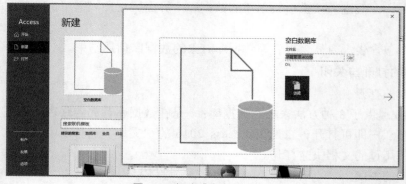

② 用鼠标右键单击“表 1”，在弹出的快捷菜单中选择“另存为”命令，弹出“另存为”对话框，将表改名为“学生档案”，如图 6-3 所示。

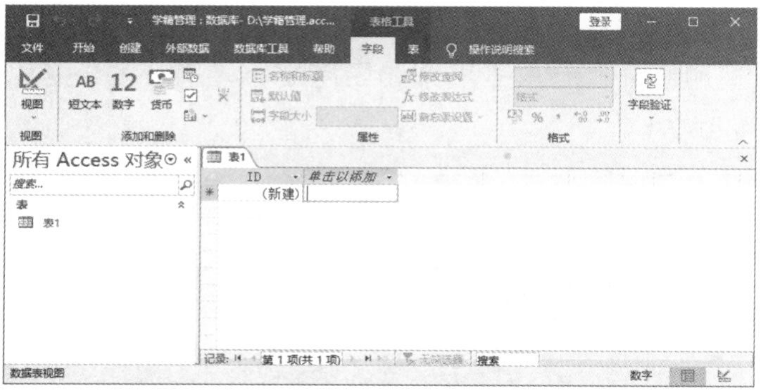

图 6-2　新创建的空白数据库窗口

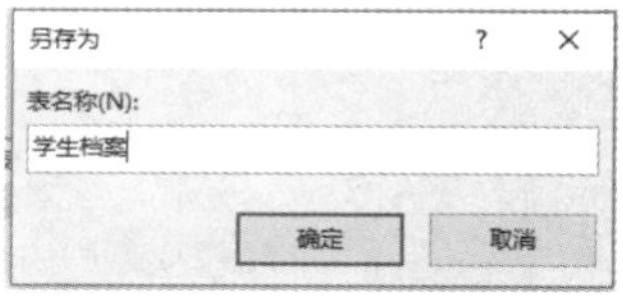

图 6-3 “另存为”对话框

③ 在出现的创建数据表结构对话框中创建表结构，选择表设计按钮，定义以下字段：学号，数字型，长度为长整型；姓名，短文本型，长度为 10；性别，短文本型，长度为 4；出生日期，日期/时间型；班级，短文本型，长度为 10；政治面貌，短文本型，长度为 8；本期平均成绩，数字型，长度为小数，小数位数为 1。建好的数据表结构如图 6-4 所示。关闭该表。

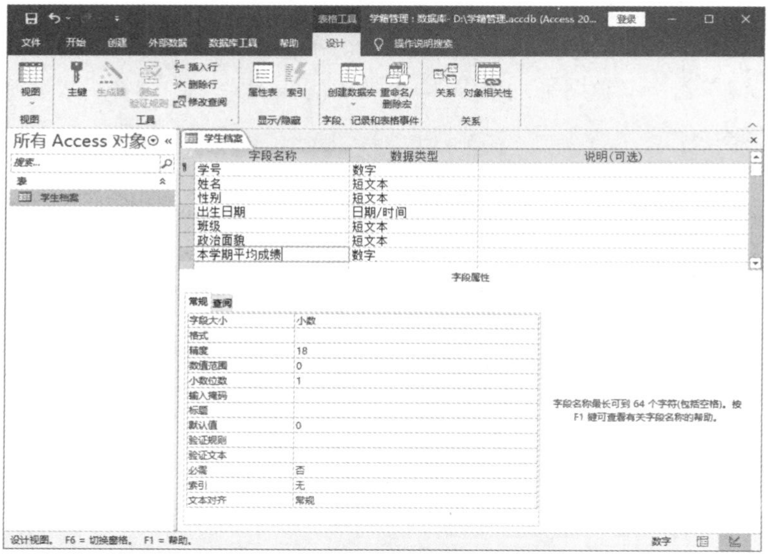

图 6-4　数据表结构

④ 添加记录。在“学籍管理”数据库窗口中双击“学生档案”数据表，开始录入学生记录，如图 6-5 所示。完成录入后保存此数据表，然后关闭数据表和数据库。

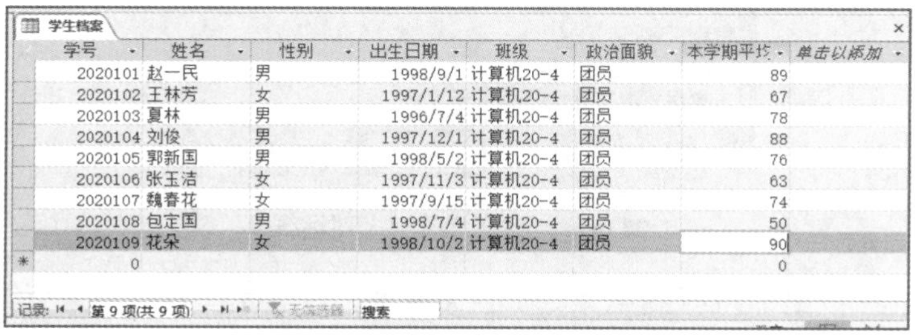

学号	姓名	性别	出生日期	班级	政治面貌	本学期平均	单击以添加
2020101	赵一民	男	1998/9/1	计算机20-4	团员	89	
2020102	王林芳	女	1997/1/12	计算机20-4	团员	67	
2020103	夏林	男	1996/7/4	计算机20-4	团员	78	
2020104	刘俊	男	1997/12/1	计算机20-4	团员	88	
2020105	郭新国	男	1998/5/2	计算机20-4	团员	76	
2020106	张玉洁	女	1997/11/3	计算机20-4	团员	63	
2020107	魏春花	女	1997/9/15	计算机20-4	团员	74	
2020108	包定国	男	1998/7/4	计算机20-4	团员	50	
2020109	花朵	女	1998/10/2	计算机20-4	团员	90	
0						0	

图 6-5　录入学生记录

（2）删除第 5 个记录后再将其追加进去

① 重新打开学籍档案表，选择要删除的记录并在其上单击鼠标右键，在弹出的快捷菜单中选择“删除记录”命令，如图 6-6 所示。

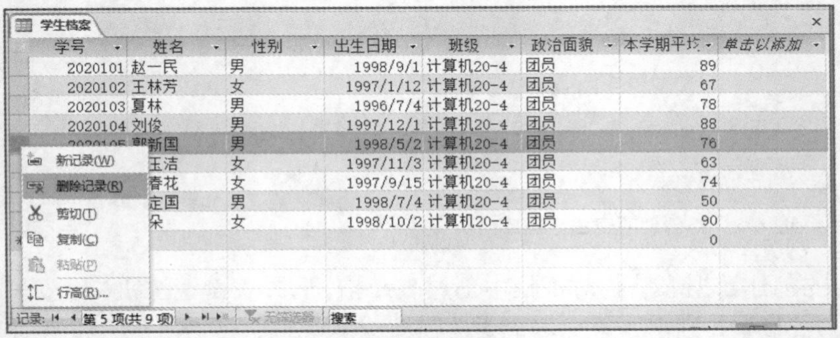

图 6-6　删除记录

② 可以在表的末尾重新添加上刚才删除的记录。如果还要让其显示在原来的位置，可以在学号所在列单击鼠标右键，在弹出的快捷菜单中选择“升序排列”命令即可。

（3）查询数据库中“本学期平均成绩”高于 70 分的学生

① 用鼠标右键单击“本学期平均成绩”，在弹出的快捷菜单中选择“数字筛选器”中的“大于”，如图 6-7 所示。

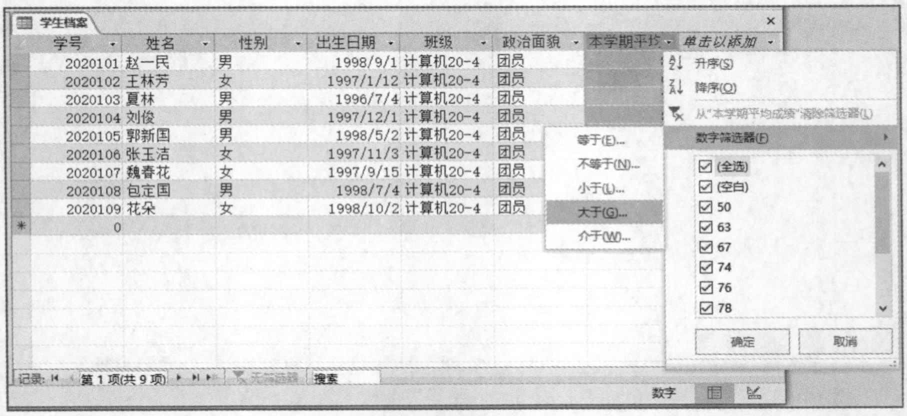

图 6-7　数字筛选器

② 在弹出的“自定义筛选”对话框中输入“70”，如图 6-8 所示。

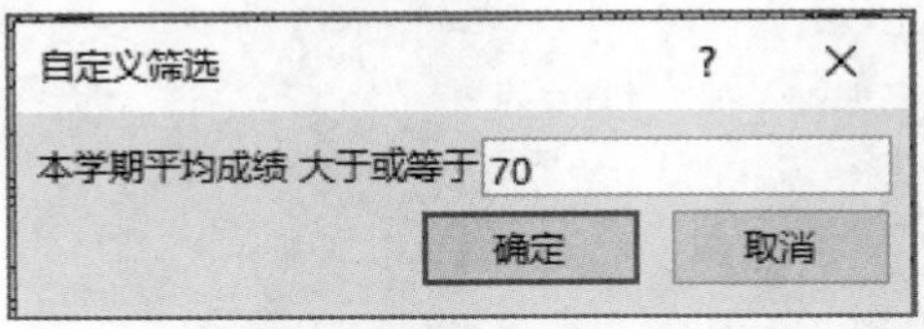

图 6-8 “自定义筛选”对话框

③ 单击“确定”按钮即可得到结果，如图 6-9 所示。

学生档案

学号	姓名	性别	出生日期	班级	政治面貌	本学期平均
2020101	赵一民	男	1998/9/1	计算机20-4	团员	89
2020103	夏林	男	1996/7/4	计算机20-4	团员	78
2020104	刘俊	男	1997/12/1	计算机20-4	团员	88
2020105	郭新国	男	1998/5/2	计算机20-4	团员	76
2020107	魏春花	女	1997/9/15	计算机20-4	团员	74
2020109	花朵	女	1998/10/2	计算机20-4	团员	90
* 0						0

图 6-9 筛选结果

（4）将“学籍管理”数据库按平均成绩从高到低重新排列并打印输出

报表显示“学号”“姓名”“性别”和“成绩”字段。

用鼠标右键单击“本学期平均成绩”右边的三角图标，在弹出的快捷菜单中选择“降序”命令即可。

四、实验要求

（1）创建一个学生个人信息表，相关信息可自由、合理地设计。

（2）创建一个公司通讯录，相关信息可自由、合理地设计。

实验二 数据表的查询

一、实验目的

- 掌握创建查询的方法。
- 掌握数据库记录的排序和数据查询的方法。

二、相关知识

查询也是一个“表”，是以表为基础数据源的“虚表”。它可以作为表加工处理后的结果，也可以作为数据库其他对象的数据来源。查询是用于从表中检索需要的数据，以对表中的数据加工的一种重要的数据库对象。查询结果是动态的，以一个表、多个表或查询为基础，创建一个新的数据集是查询的最终结果，而这一结果又可作为其他数据库对象的数据来源。查询不仅可以重组表中的数据，还可以通过计算再生新的数据。

在 Access 中，主要有选择查询、参数查询、交叉表查询、动作查询及 SQL 查询。选择查询主要用于浏览、检索、统计数据库中的数据；参数查询是通过运行查询时的参数定义、创建的动态查询结果，使用户能更方便地查找更多有用的信息；动作查询主要用于数据库中数据的更新、删除及生成新表，使数据库中数据的维护更便利；SQL 查询是通过 SQL 语句，创建选择查询、参数查询、数据定义查询及动作查询。

获得查询有以下两种方式。

（1）使用向导创建查询。

（2）使用设计器创建查询。

三、实验范例

1. 实验内容

（1）创建“学籍管理”数据库，其表结构如表 6-1 所示。

（2）创建“学籍管理”的查询。

2. 操作步骤

（1）使用向导创建查询

① 打开要创建查询的数据库文件，选择“创建”选项卡。

② 单击“创建”选项卡“查询”功能区的“查询向导”按钮，弹出图 6-10 所示的“新建查询”对话框。

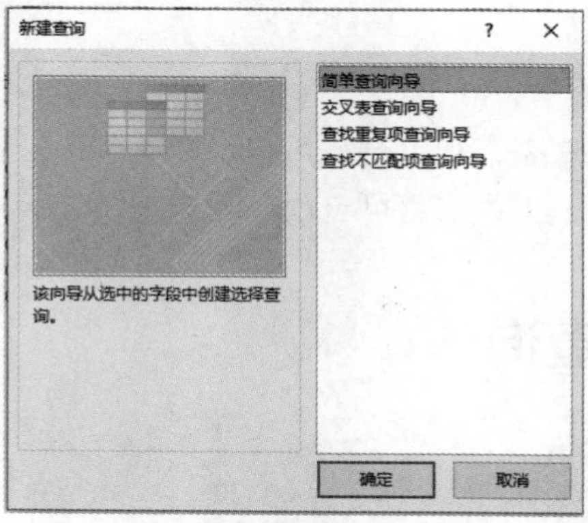

图 6-10 “新建查询”对话框

③ 在对话框中选择一种类型，一般选择“简单查询向导”选项，单击“确定”按钮。

④ 在弹出的图 6-11 所示的“简单查询向导”对话框中，可以选中某个可用字段，单击 > 按钮添加到“选定字段”列表框中。也可以单击 >> 按钮将“可用字段”列表框中显示的所有字段添加到“选定字段”列表框中。

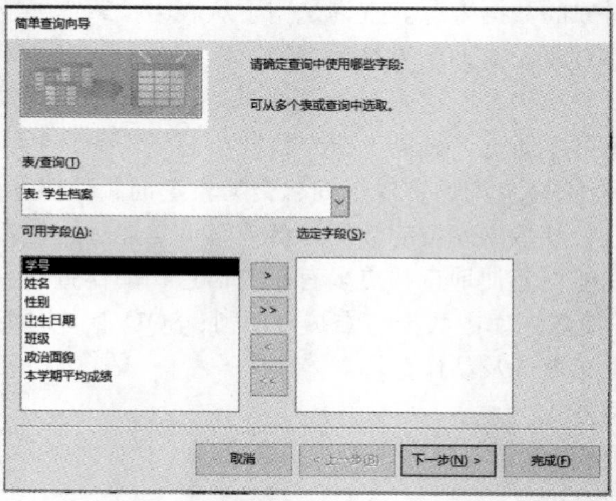

图 6-11 “简单查询向导”对话框

⑤ 本实验选择添加所有字段，单击“下一步”按钮，弹出图 6-12 所示的选择提示框。

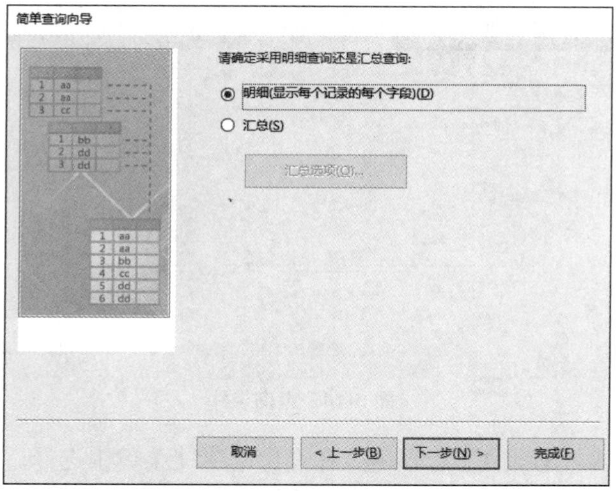

图 6-12　选择提示框

⑥ 选择默认状态下的“明细”单选按钮，单击“下一步”按钮；若选择“汇总”单选按钮，单击“汇总选项”按钮，选择需要计算的汇总值，单击“确定”按钮，再单击“下一步”按钮。在“请为查询指定标题”文本框中输入标题，单击“完成”按钮就完成了创建。

（2）使用设计器创建查询

① 打开要创建查询的数据库文件，选择“创建”选项卡，在“查询”栏中单击“查询设计”按钮，弹出“显示表”对话框。

② 在对话框中选择要创建查询的表，分别单击“添加”按钮，添加到“查询 1”选项卡的文档编辑区中，单击“关闭”按钮。

③ 在表中分别选中需要的字段，依次拖动到下面设计器中的“字段”行中，添加完字段后，在“表”行中自动显示该字段所在的表名称，如图 6-13 所示。

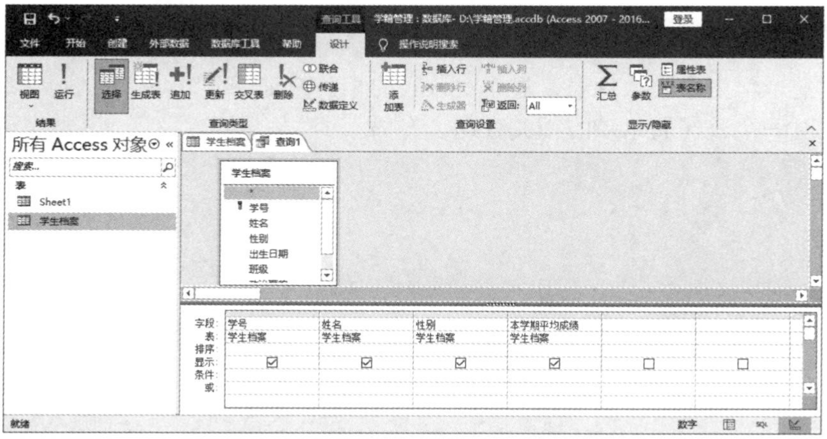

图 6-13　选择需要的字段到设计器中

④ 在设计器中选择要显示的字段，并输入查询条件，条件是“性别”为“女”和“本学期平均成绩”为“>70”，如图 6-14 所示。

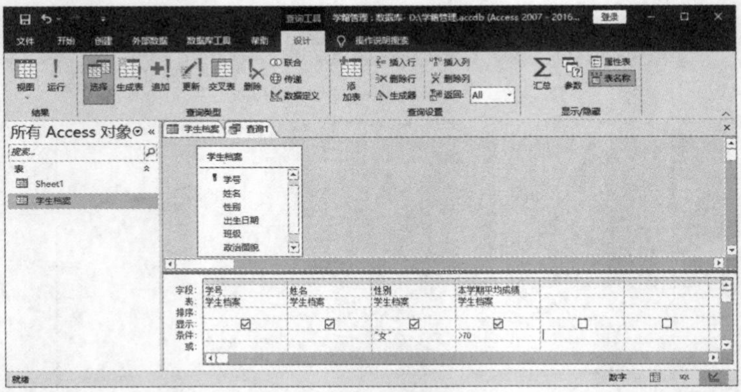

图 6-14　查询条件

⑤ 用鼠标右键单击“查询 1”选项卡，在弹出的快捷菜单中选择“保存”命令，弹出“另存为”对话框，在对话框的“查询名称”文本框中输入名称，如“成绩查询”，单击“确定”按钮，则建立了一个“成绩查询”表。

关闭查询对话框。在查询页上可以看到已经保存的“成绩查询”表，双击可查看查询结果，如图 6-15 所示。

图 6-15　查询结果

四、实验要求

（1）创建一个学生个人信息表，建立对该表的相关查询。

（2）建立对一个公司通讯录的相关查询。

07 第7章 计算机网络与Internet基础

实验一 Internet的接入与IE浏览器的使用

一、实验目的

- 掌握在 Windows 10 下设置 IP 地址的方法。
- 掌握在 Windows 10 下查看本机 MAC 地址的方法。
- 掌握 IE 浏览器的基本操作方法。
- 掌握保存网页上的信息的方法。
- 掌握 IE 浏览器主页的设置方法。

二、实验要求

按照实验步骤完成实验。

任务一 设置 IP 地址

（1）打开“Windows 设置”窗口，选择“网络和 Internet”→“网络和共享中心”→“更改适配器设置”，打开“网络连接”界面，如图 7-1 所示。

图 7-1 “网络连接”界面

（2）在“以太网”图标上单击鼠标右键，在弹出的快捷菜单中选择“属性”命令，如图 7-2 所示。

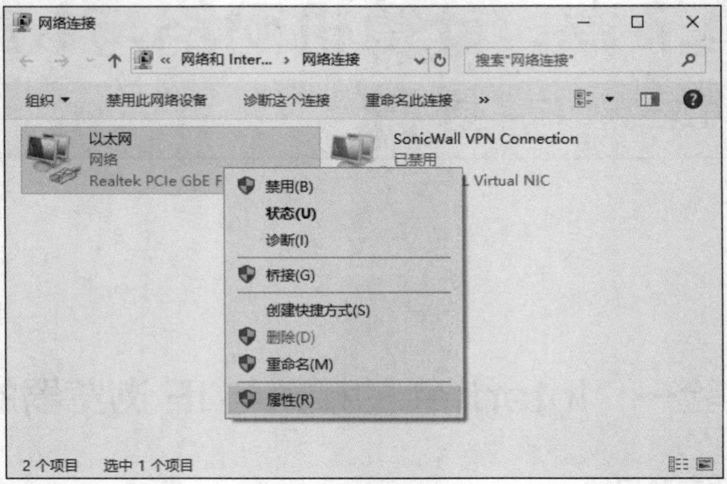

图 7-2　选择“属性”

（3）在弹出的“以太网 属性”对话框中选择“Internet 协议版本 4（TCP/IPv4）”复选框，如图 7-3 所示。

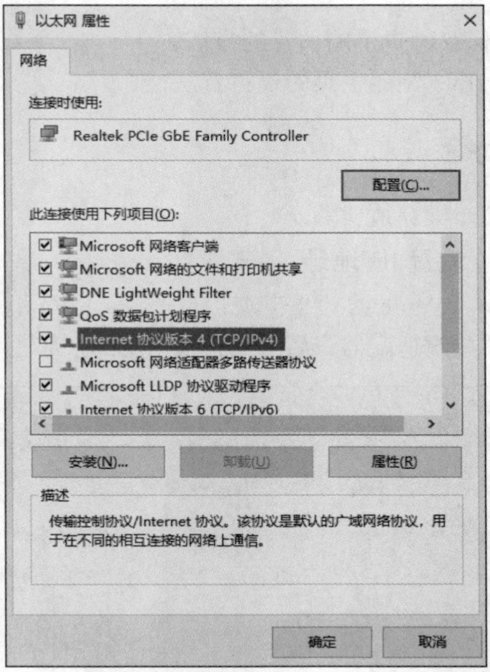

图 7-3　“以太网 属性”对话框

（4）单击“属性”按钮，或者双击“Internet 协议版本 4（TCP/IPv4）”，打开“Internet 协议版本 4（TCP/IPv4）属性”对话框。

（5）在打开的对话框中单击“使用下面的 IP 地址”单选按钮，然后按分配到的 IP 地址进行输入，如图 7-4 所示，单击“确定”按钮即完成对 IP 地址的设置。

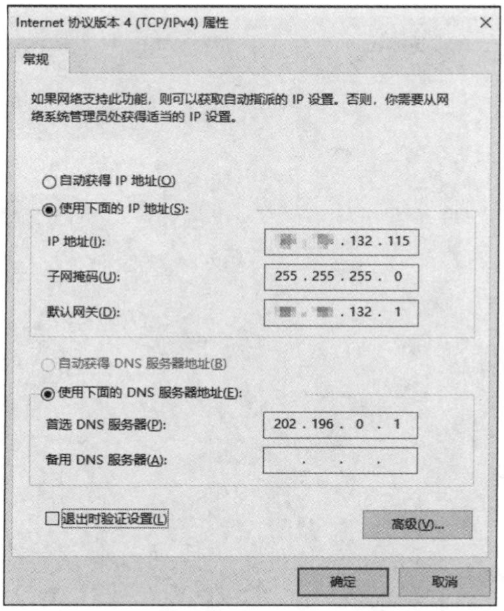

图 7-4 “Internet 协议版本 4（TCP/IPv4）属性”对话框

任务二　查看、修改本机的 MAC 地址

下面基于 Windows 10 来介绍如何查看自己本机的 MAC 地址。

（1）查看本机 MAC 地址

按<Windows>键+<R>键，弹出“运行”窗口，在“打开”文本框中输入“CMD”，单击“确定”按钮，弹出命令提示符窗口，在该窗口中输入“ipconfig /all”，如图 7-5 所示。

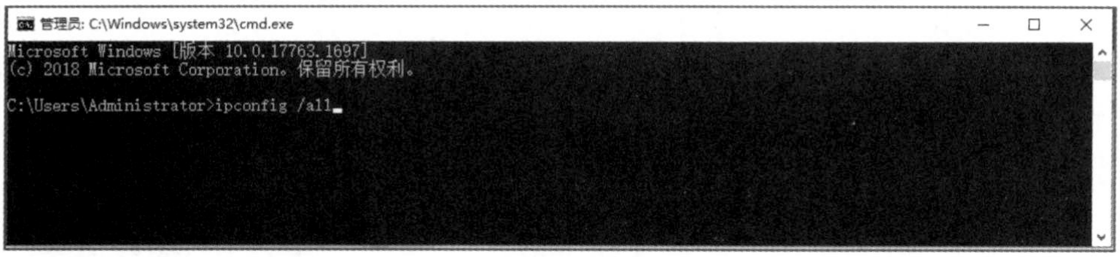

图 7-5　命令提示符窗口

然后按<Enter>键，在显示的一系列信息中找到“本地连接”，其中“物理地址”（Physical Address）就是本机的 MAC 地址，如图 7-6 所示。也可以使用“开始”→“Windows 系统”→“命令提示符”命令打开命令提示符窗口。

（2）查看无线网卡 MAC 地址

如果计算机连接了无线网，无线路由器本身会记录无线网卡的 MAC 地址，可以通过无线路由器的设置查看 MAC 地址。

① 无线网是否处于连接中，可以从桌面右下角的状态中看到，如图 7-7 所示。

② 打开浏览器，输入“192.168.1.1”（路由器的地址，根据自身路由器有可能会不同），如图 7-8 所示。

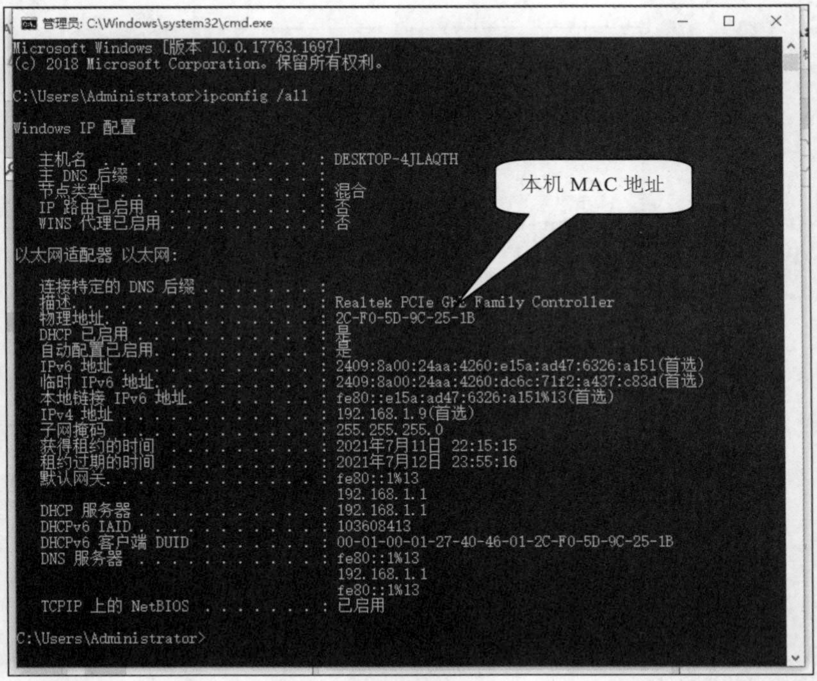

图 7-6　查看 MAC 地址

图 7-7　无线网处于连接中标志

图 7-8　浏览器中输入地址

③ 进入无线路由器登录页面，如图 7-9 所示，输入用户名和密码，一般是“admin”。

④ 进入无线设置，找到“IP 与 MAC 绑定”中的“ARP 映射表”，如图 7-10 所示。

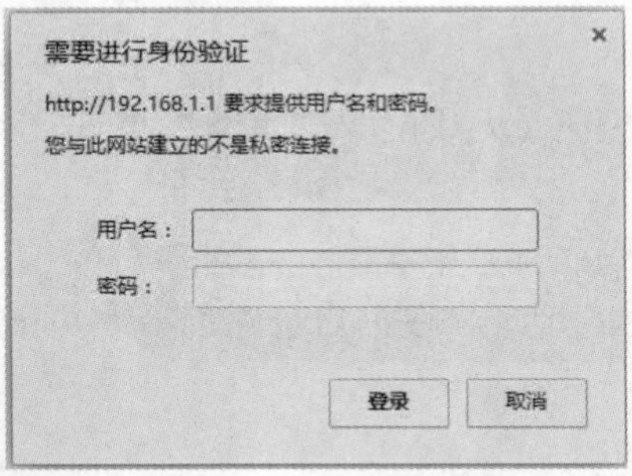

图 7-9　无线路由器登录页面

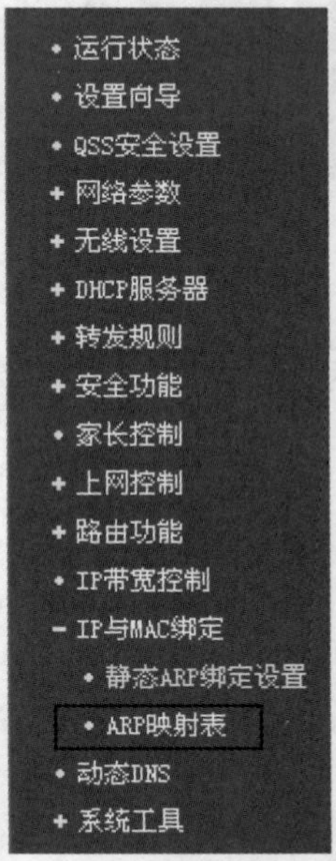

图 7-10　无线设置页面

⑤ 找到本机对应的 IP，其对应的 MAC 地址即为本机无线 MAC 地址，如图 7-11 所示。

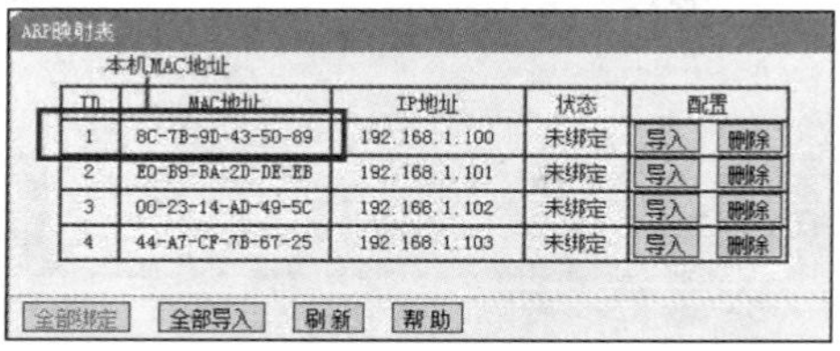

图 7-11　本机无线 MAC 地址页面

⑥ 如果无法辨别具体是哪个地址，可以把其他设备的无线连接暂时断开再查看。

（3）修改 MAC 地址方式

打开“以太网”的“属性”对话框（见图 7-3），单击“配置”按钮，选择“高级”，选中左栏“属性”中的“网络地址”（其实并非所有的网卡对物理地址的描述都使用“网络地址”，如 Intel 的网卡便用“Locally Administered Address”来描述，但只要在右栏框中可以找到“值”这个选项即可），然后选中右栏框“值”中的上面一个单选按钮（非“不存在”），此时便可在右边的文本框中输入想更改的网卡 MAC 地址，形式如“000B6AF6F4F9”，如图 7-12 所示，单击“确定”按钮，完成修改。

除了这种修改方法，还可以通过注册表修改，有兴趣的同学可以参考其他书籍。

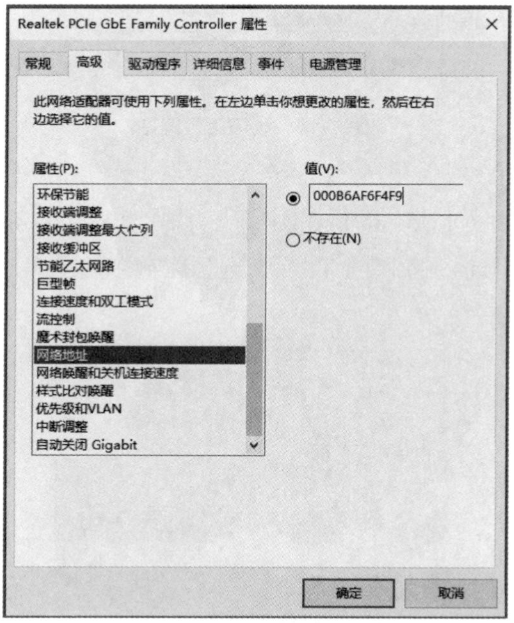

图 7-12　修改 MAC 地址

任务三　使用 IE 浏览器

Windows 10 自带了 Internet Explorer（IE）浏览器和 Edge 浏览器，它们的主要操作方法类似，在此我们选用 IE 浏览器进行讲解。

（1）启动 IE 浏览器

双击桌面上的 IE 浏览器图标，或者在搜索栏里搜索“IE”来启动它，进入 IE 浏览器窗口。

（2）浏览网页信息

在浏览器的“地址栏”中输入网络地址，访问指定的网站，如输入百度的网址访问百度网站，如图 7-13 所示。

图 7-13　百度网站

（3）收藏网页信息

收藏当前网页信息，如图 7-14 所示。

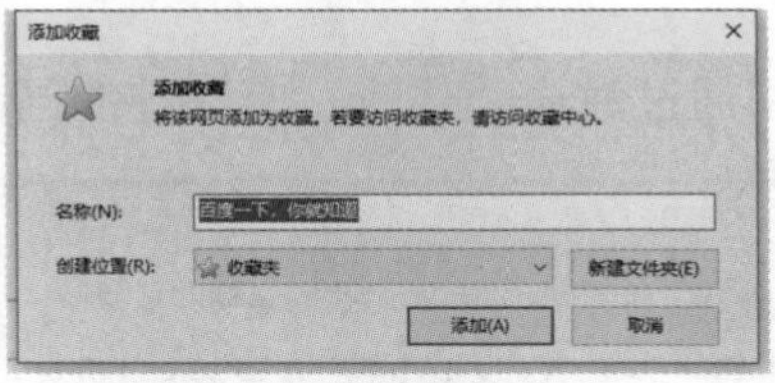

图 7-14　收藏百度网站

（4）设置浏览器主页

在浏览器窗口中，选择“工具”→“Internet 选项”命令，打开“Internet 选项”对话框，如图 7-15 所示。在“常规”选项卡中的“主页”选项区域中输入具体的网站地址，单击“确定”按钮。

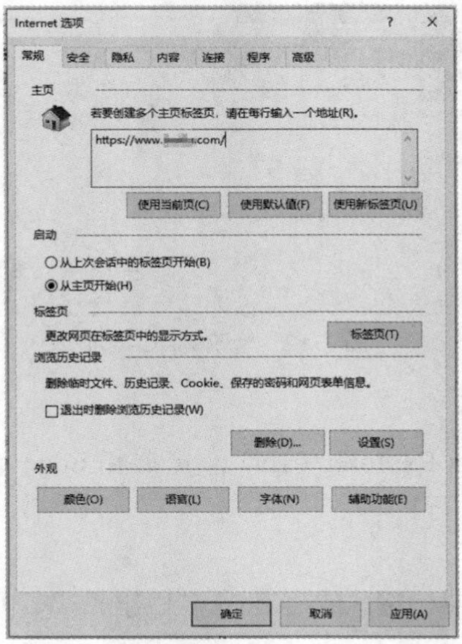

图 7-15　修改 IE 浏览器主页

实验二　电子邮箱的收发与设置

一、实验目的

- 掌握申请免费电子邮箱的方法。
- 掌握进行简单邮件管理的方法。
- 掌握在线收发电子邮件的方法。

二、实验要求

按照实验步骤完成实验。

任务一　申请一个免费的电子邮箱

利用网易 126 免费邮申请一个免费的邮箱。

（1）在浏览器中输入网易 126 免费邮的网址，按<Enter>键，进入网易 126 免费邮界面，如图 7-16 所示。

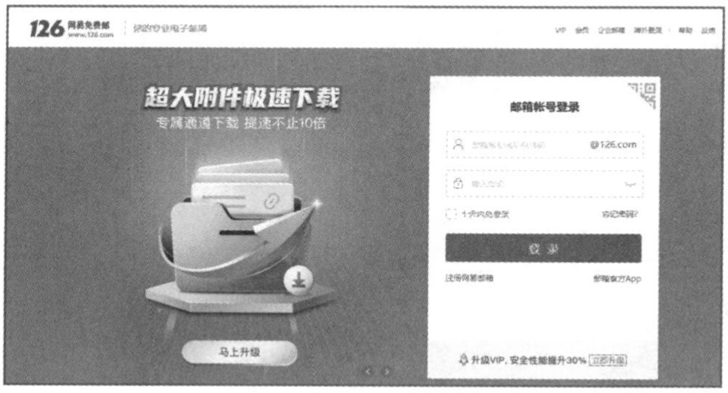

图 7-16　网易 126 免费邮首页

（2）单击“注册网易邮箱”按钮，进入邮箱注册窗口，按要求输入用户名、密码等信息，如图 7-17 所示，还需要输入手机号码辅助注册。

图 7-17　填写注册信息

（3）按照提示完成后，单击“立即注册”按钮，出现注册成功窗口，如图 7-18 所示。

（4）单击“进入邮箱”按钮，可直接进入申请的免费邮箱，如图 7-19 所示。

图 7-18　注册成功

图 7-19　进入免费邮箱

任务二　收发邮件

（1）在邮箱中单击“收件箱”，进入收件箱界面，可看到所有收到的电子邮件列表，如图 7-20 所示。

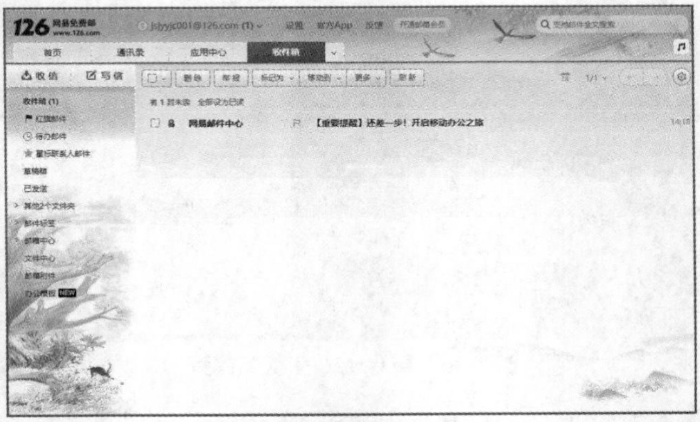

图 7-20　收件箱界面

（2）单击收件箱中的某一个邮件主题，即可查看此邮件内容，如图 7-21 所示。

图 7-21　查看邮件的具体内容

（3）单击“写信”按钮，进入写邮件的界面，如图 7-22 所示。

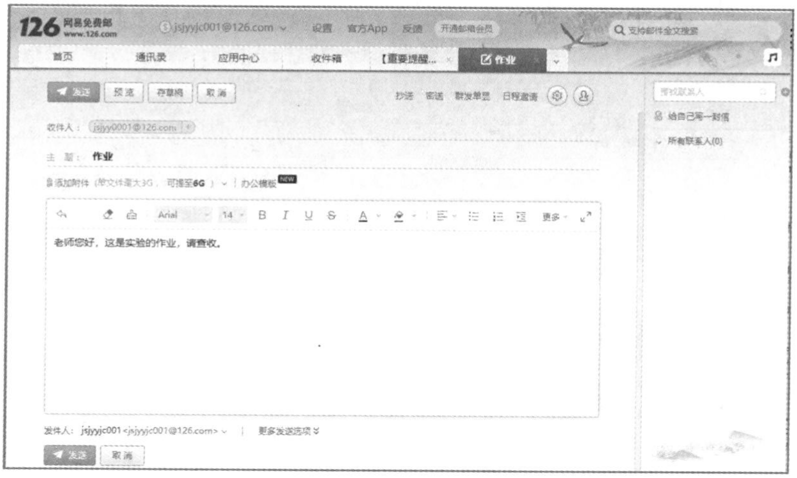

图 7-22　写邮件界面

（4）添加邮件附件。在图 7-22 所示界面中，单击“添加附件”按钮，打开“打开”窗口，如图 7-23 所示。选择要作为邮件附件上传的文件，单击“打开”按钮即可。如有多个附件，可以选择多个文件后再单击“打开”按钮。返回写邮件的界面，此时显示附件已经上传完成，如图 7-24 所示。

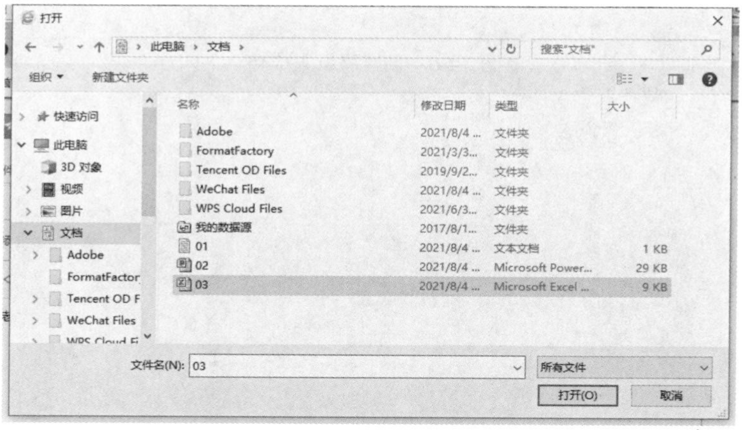

图 7-23　添加附件

图 7-24　附件上传完成

（5）创建地址簿。单击“通讯录”按钮，进入通讯录的管理窗口，如图 7-25 所示。单击“新建联系人”按钮，进入新建联系人窗口，输入必须填写的信息和选择输入可选择填写的信息，填写完成后单击“确定”按钮，创建联系人成功，如图 7-26 所示。

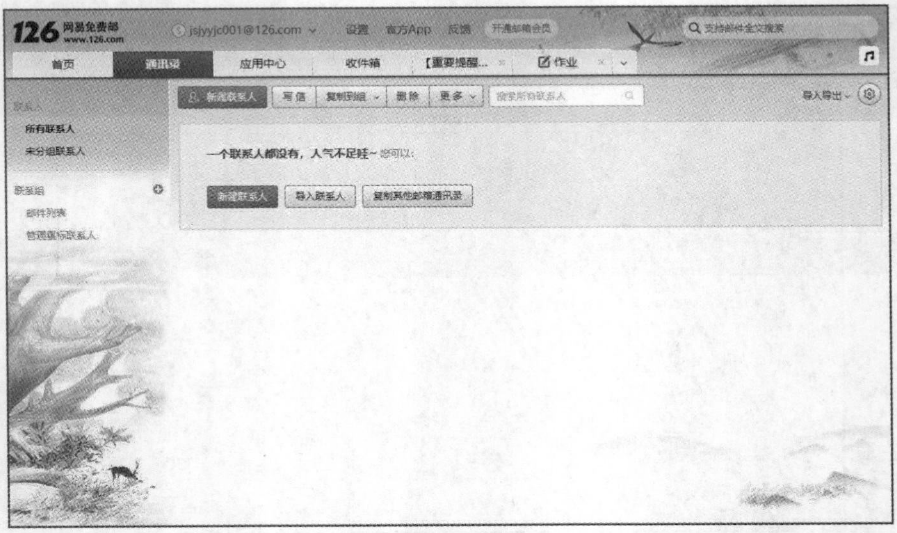

图 7-25　新建联系人

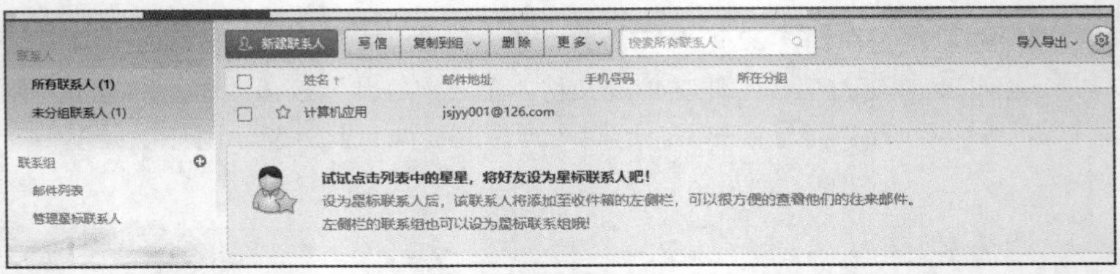

图 7-26　创建联系人成功

08 第 8 章　常用工具软件

实验一　文件压缩与加密

一、实验目的

掌握 WinRAR 的操作方法，学会对文件和文件夹进行压缩、解压缩或加密。

二、实验要求

按照实验步骤完成实验。

任务一　压缩文件和文件夹

使用 WinRAR 可以快速压缩文件和文件夹，具体操作步骤如下。

（1）双击 WinRAR 图标，打开 WinRAR 主界面，选择需要压缩的文件或文件夹，例如选择“压缩文件”文件夹，如图 8-1 所示，单击“添加”按钮。

图 8-1　选择压缩文件

（2）此时会打开“压缩文件名和参数”对话框，如图 8-2 所示，单击“确定”按钮，即实现文件夹的压缩，如图 8-3 所示。

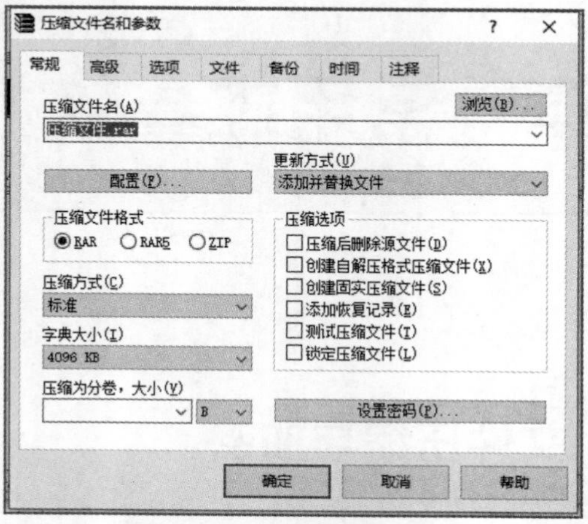

图 8-2　设置压缩方式

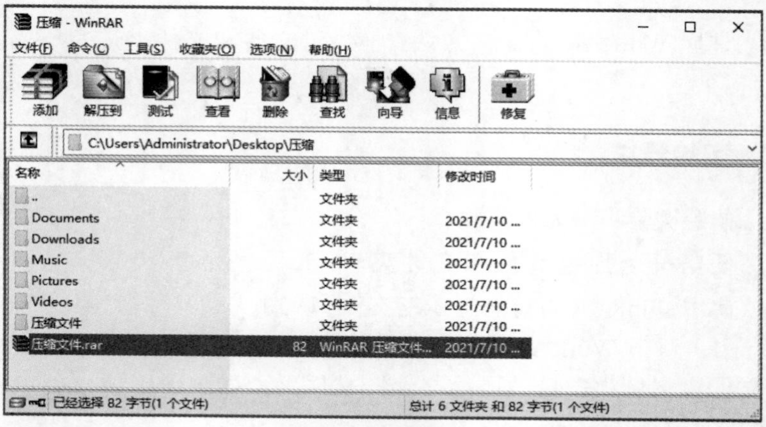

图 8-3　压缩完成

任务二　为压缩文件添加注释

用户可以根据需要为压缩文件添加注释，具体操作步骤如下。

（1）在 WinRAR 主界面中，选中需要添加注释的压缩文件，选择“命令”→“添加压缩文件注释”命令，如图 8-4 所示。

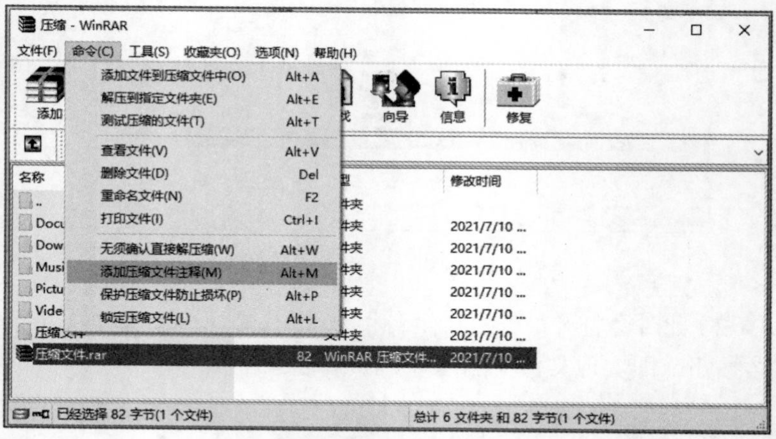

图 8-4　添加压缩文件注释

（2）在打开的对话框中选择“注释”选项卡，在“压缩文件注释”框中输入注释内容，如图 8-5 所示。

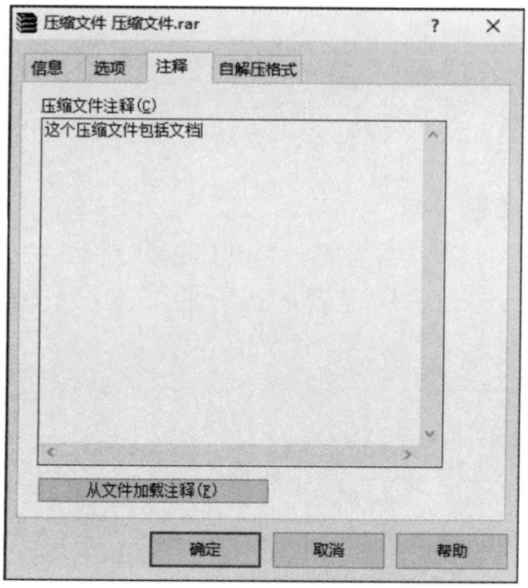

图 8-5 输入注释内容

（3）单击“确定”按钮即可。

任务三 测试解压缩文件

在解压缩文件之前，可以先测试一下压缩文件，以增强安全性，具体操作步骤如下。

（1）在 WinRAR 主界面中，选中需要解压缩的文件，单击“测试”按钮，如图 8-6 所示，此时 WinRAR 会对压缩文件进行检测。

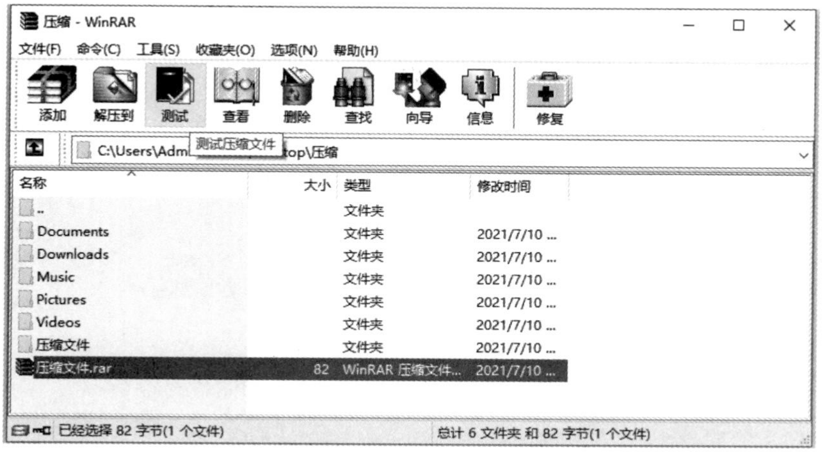

图 8-6 选择测试文件

（2）测试完成后弹出图 8-7 所示的提示框，单击“确定”按钮即可。

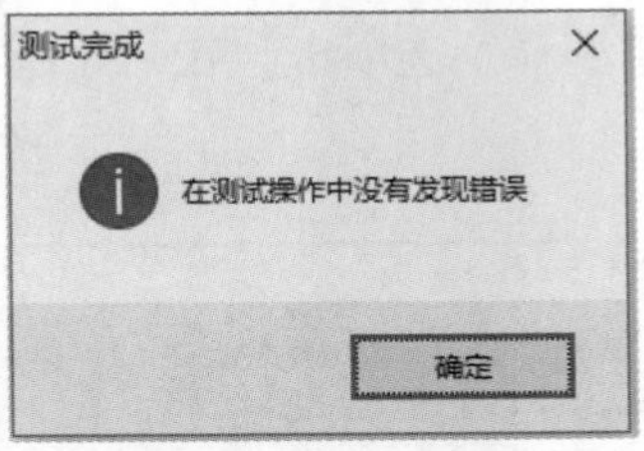

图 8-7　测试完成

任务四　新建解压缩文件位置

对于压缩过的文件，用户可以根据需要将其解压缩到新建的文件夹中，具体操作步骤如下。

（1）在 WinRAR 主界面中，选中需要解压缩的文件，单击“解压到”按钮，如图 8-8 所示。

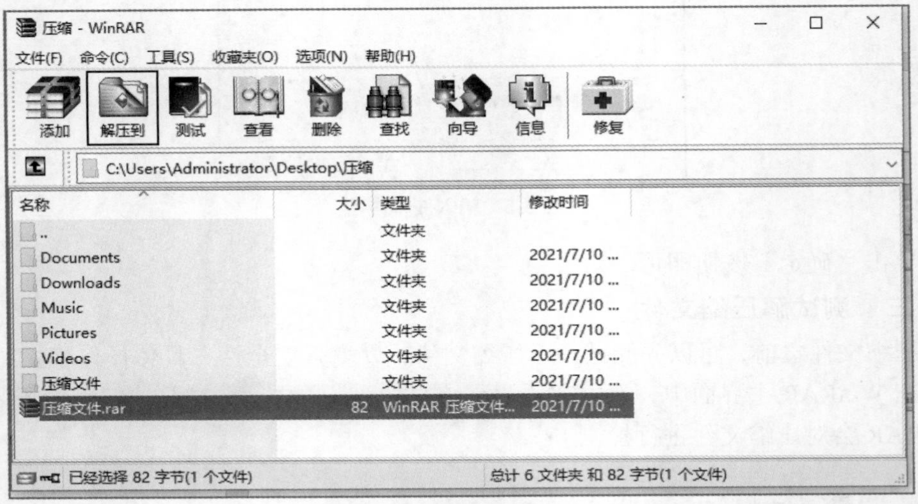

图 8-8　选择解压缩文件

（2）在打开的“解压路径和选项”对话框中选择要解压缩的位置，单击“新建文件夹”按钮，然后输入文件夹名称，如图 8-9 所示。

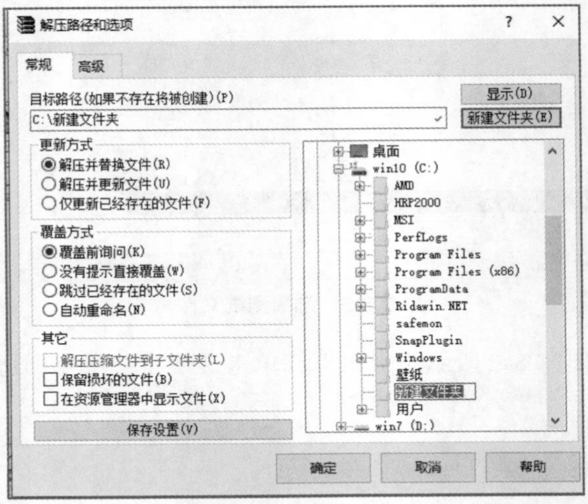

图 8-9　新建文件夹

（3）单击“确定”按钮开始解压缩，即可将文件解压缩到指定位置。

任务五　设置默认密码

为了增强压缩文件的安全性，可以为其设置默认密码，具体操作步骤如下。

（1）在 WinRAR 主界面中，选择“文件”→“设置默认密码”命令，如图 8-10 所示。

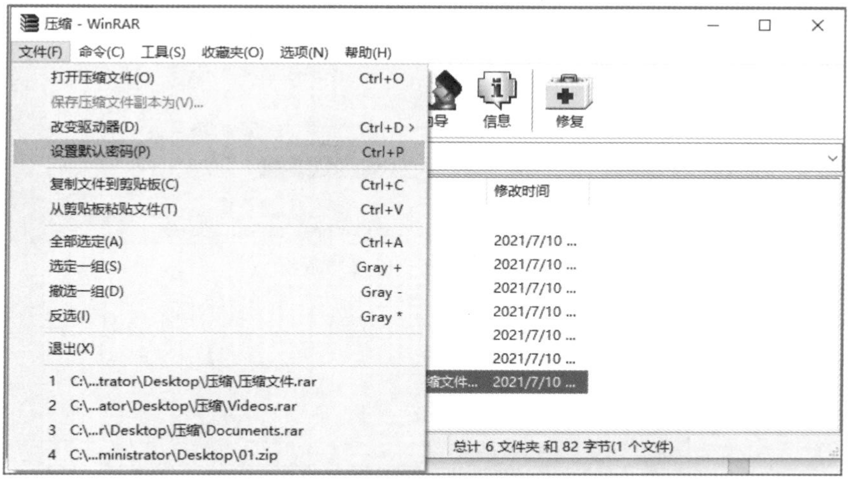

图 8-10　选择“设置默认密码”命令

（2）在打开的“输入密码”对话框中输入密码，并再次输入密码以确认，若希望不输入密码无法看到文件名，则可以勾选“加密文件名”复选框，如图 8-11 所示。

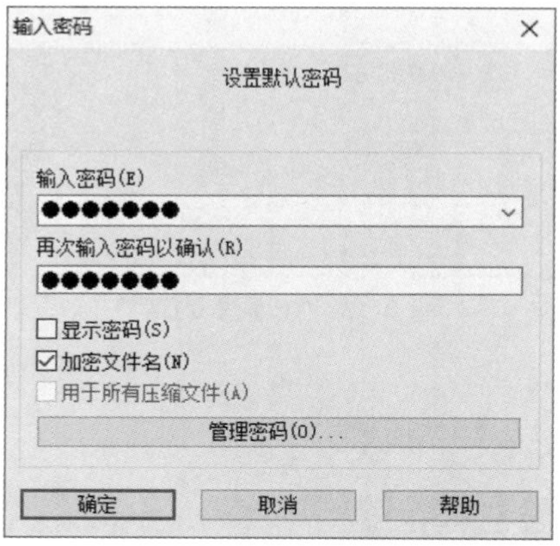

图 8-11　输入密码

（3）单击“确定”按钮即可。

任务六　清除临时文件

WinRAR 在压缩文件时，会产生一些临时文件，压缩完成后，这些临时文件还会占用用户的硬盘空间。用户通过设置，可以在压缩文件时清除这些临时文件，具体操作步骤如下。

（1）在 WinRAR 主界面中，选择“选项”→“设置”命令，如图 8-12 所示。

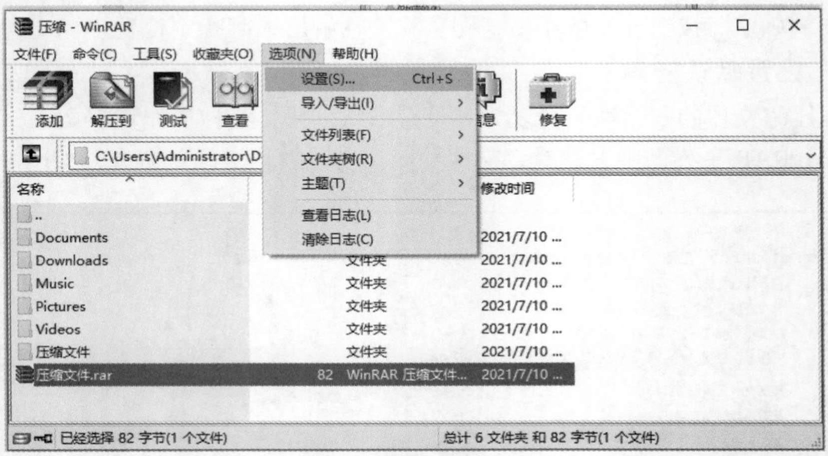

图 8-12 选择“设置”命令

（2）在打开的“设置”对话框中选择“安全”选项卡，在“清除临时文件”栏下选中“总是”单选按钮，如图 8-13 所示。

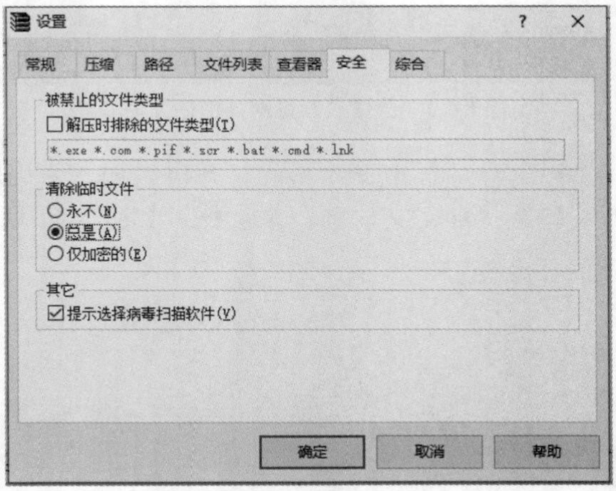

图 8-13 “设置”对话框

（3）单击“确定”按钮即可。

实验二 计算机查毒与杀毒

一、实验目的

掌握 360 杀毒的操作方法，学会使用 360 杀毒查杀计算机病毒。

二、实验要求

按照实验步骤完成实验。

任务一 快速扫描

使用 360 杀毒对计算机进行快速扫描，具体操作步骤如下。

（1）双击 360 杀毒图标，打开 360 杀毒主界面，如图 8-14 所示，单击“快速扫描”按钮。

图 8-14　360 杀毒主界面

（2）此时 360 杀毒将对计算机进行快速扫描，完成后窗口会显示扫描结果，如图 8-15 所示。

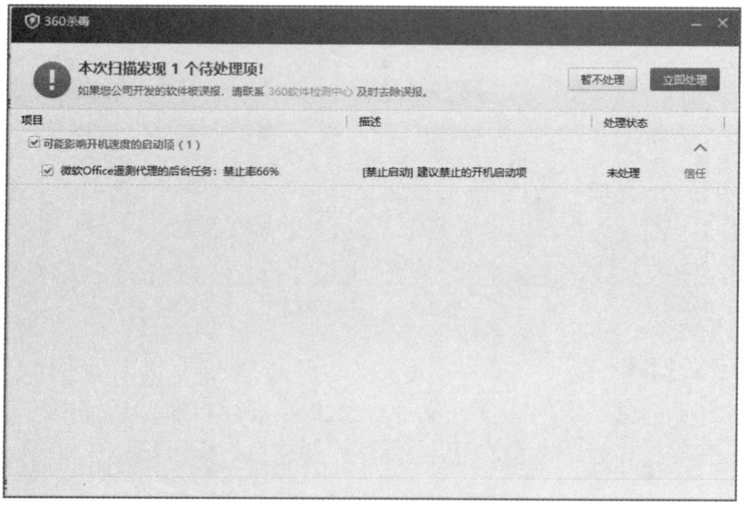

图 8-15　扫描结果

任务二　处理扫描结果

快速扫描完成后，可以立即处理扫描发现的安全威胁，具体操作步骤如下。

（1）在扫描完成的窗口中，单击“立即处理”按钮，窗口中会显示处理结果，如图 8-16 所示。

（2）单击“确认”按钮，窗口中会出现图 8-17 所示的提示，可选择“返回”或“人工服务”等。

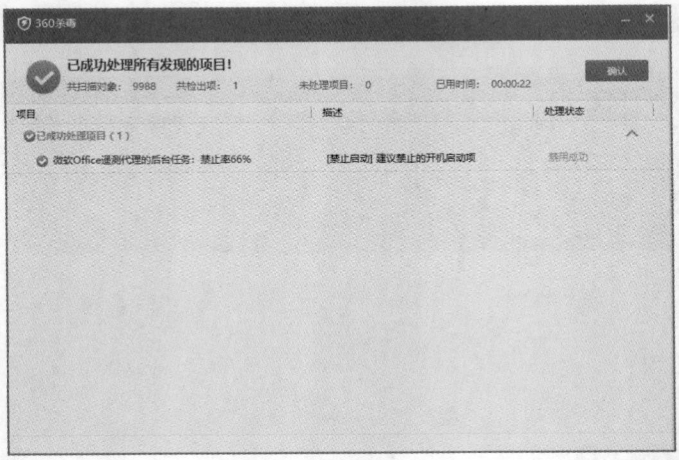

图 8-16　处理结果

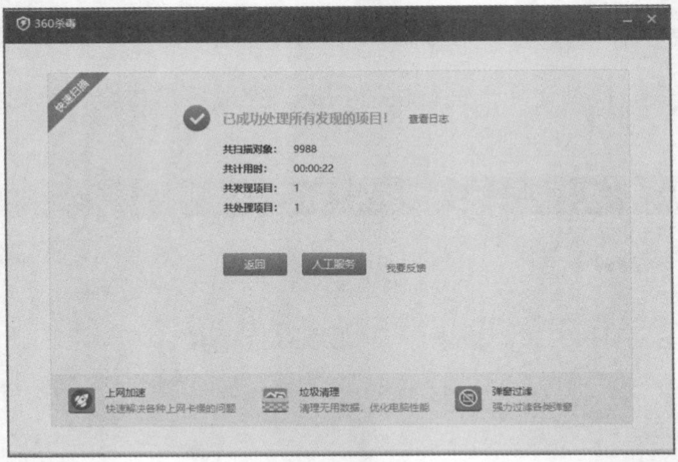

图 8-17　提示窗口

任务三　自定义扫描

用户可以根据需要选择特定的磁盘、文件夹或文件进行扫描，具体操作步骤如下。

（1）打开 360 杀毒主界面，在窗口下侧单击“自定义扫描”按钮，如图 8-18 所示。

图 8-18　单击“自定义扫描”按钮

（2）在打开的“选择扫描目录”对话框中进行选择，如选择 C 盘，如图 8-19 所示。单击“扫描”按钮，360 杀毒即开始对 C 盘进行扫描，如图 8-20 所示。

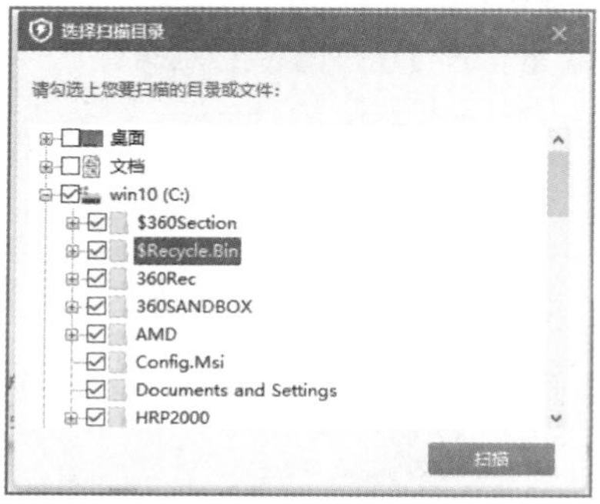

图 8-19　选择 C 盘

图 8-20　对 C 盘进行扫描

任务四　宏病毒扫描

用户可以根据需要使用宏病毒扫描，具体操作步骤如下。

（1）打开 360 杀毒主界面，在窗口下侧单击“宏病毒扫描”按钮，如图 8-21 所示。

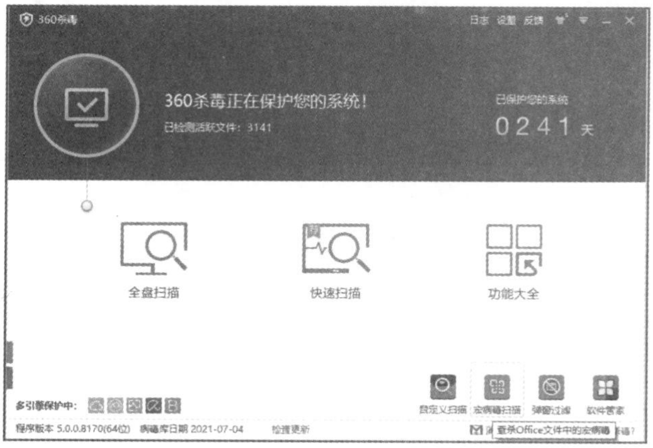

图 8-21　单击“宏病毒扫描”按钮

（2）系统会弹出图 8-22 所示的提示对话框。

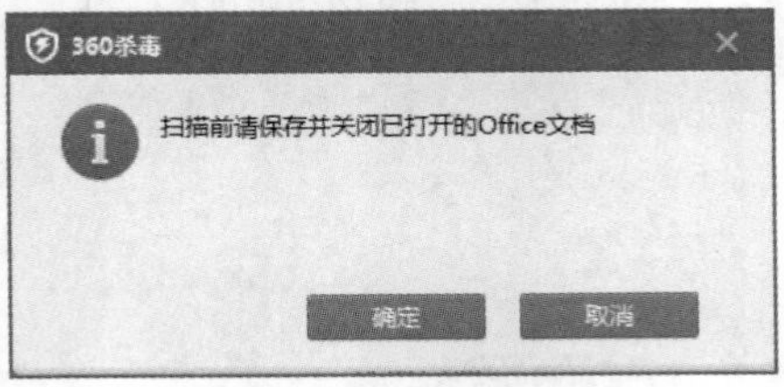

图 8-22　提示对话框

（3）单击“确定”按钮开始扫描宏病毒，如图 8-23 所示，完成后扫描结果将显示在窗口中。

图 8-23　宏病毒扫描

任务五　杀毒设置

（1）定时查杀病毒

用户可以对 360 杀毒进行设置，让软件定时查毒，具体操作步骤如下。

① 打开 360 杀毒主界面，在窗口中单击“设置”按钮，如图 8-24 所示。

图 8-24　单击“设置”按钮

② 在打开的“360 杀毒-设置”窗口的左侧栏中单击“病毒扫描设置”选项，在右侧的“定时查毒”栏中勾选“启用定时查毒”复选框，然后选择“每周”单选按钮，设置定时杀毒时间，如图 8-25 所示。

图 8-25 “360 杀毒-设置”对话框

③ 单击“确定”按钮完成设置。

（2）自动处理发现的病毒

用户可以对 360 杀毒进行设置，让软件自动处理发现的病毒。具体操作步骤如下。

① 打开 360 杀毒主界面，在窗口上方单击“设置”按钮。

② 在打开的“360 杀毒-设置”窗口的左侧栏中单击“病毒扫描设置”选项，然后在右侧栏的“发现病毒时的处理方式”栏下选择“由 360 杀毒自动处理”单选按钮，如图 8-26 所示。

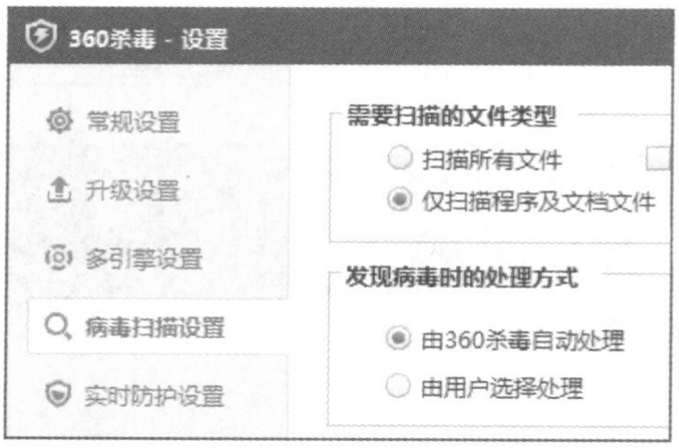

图 8-26 “360 杀毒-设置”对话框

③ 单击“确定”按钮完成设置。

实验三　图片浏览管理

一、实验目的

掌握 ACDSee 的操作方法，学会导入图片、查看图片、批量重命名图片。

二、实验要求

按照实验步骤完成实验。

任务一　批量导入图片

用户可以将磁盘中的图片批量导入 ACDSee 中，具体操作步骤如下。

（1）双击 ACDSee 图标，启动 ACDSee，单击“导入”后的下拉按钮，在弹出的下拉列表中选择“从磁盘”命令，如图 8-27 所示。

（2）此时打开“浏览文件夹”对话框，选择包含图片的文件夹，如选择“图片”文件夹，单击“确定”按钮，如图 8-28 所示。

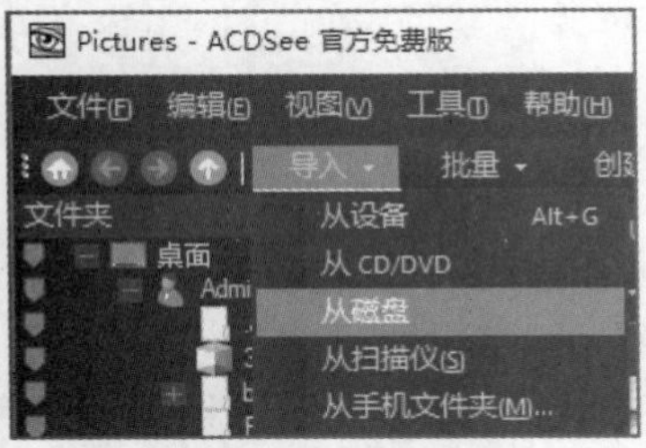

图 8-27　菜单命令

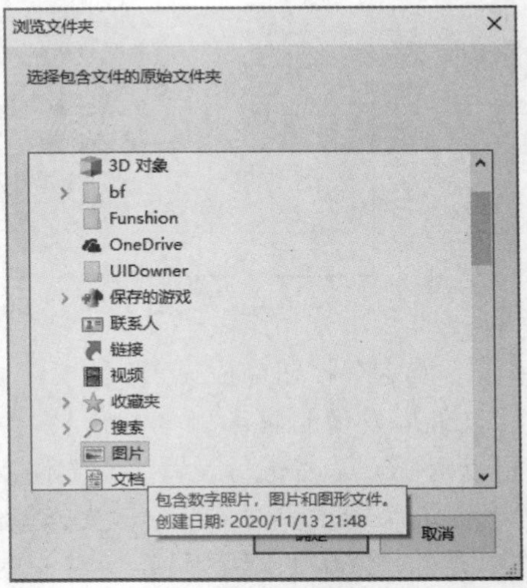

图 8-28　选择文件夹

（3）在弹出的图 8-29 所示的提示窗口中选择图片并单击“导入”按钮。

图 8-29　开始导入

（4）导入完成后会提示导入完成，在提示窗口中单击“是”按钮，如图 8-30 所示。

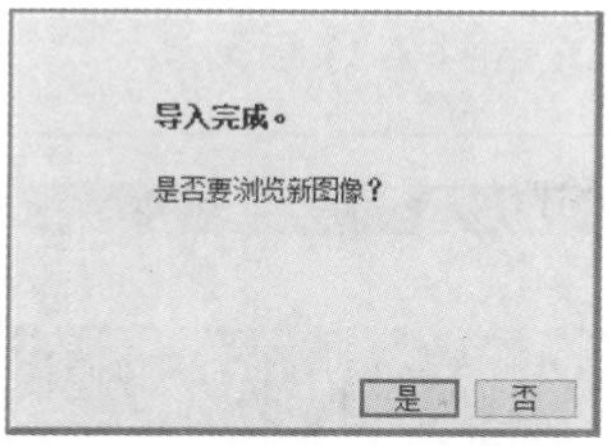

图 8-30　导入完成提示窗口

（5）此时，在 ACDSee 窗口中会显示导入的图片，如图 8-31 所示。

图 8-31　显示导入的图片

任务二　查看导入图片

将图片导入 ACDSee 后，用户可以查看导入的图片。具体操作步骤如下。

（1）在 ACDSee 主窗口中选择一张图片，单击鼠标右键，在弹出的菜单中选择“查看”命令，如图 8-32 所示；或者直接双击图片。

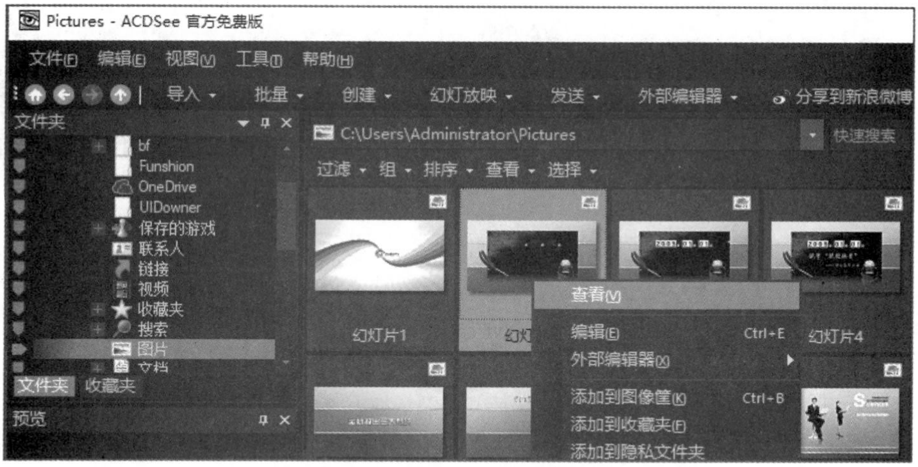

图 8-32　选择“查看”命令

（2）此时即可查看导入的图片，如图 8-33 所示。

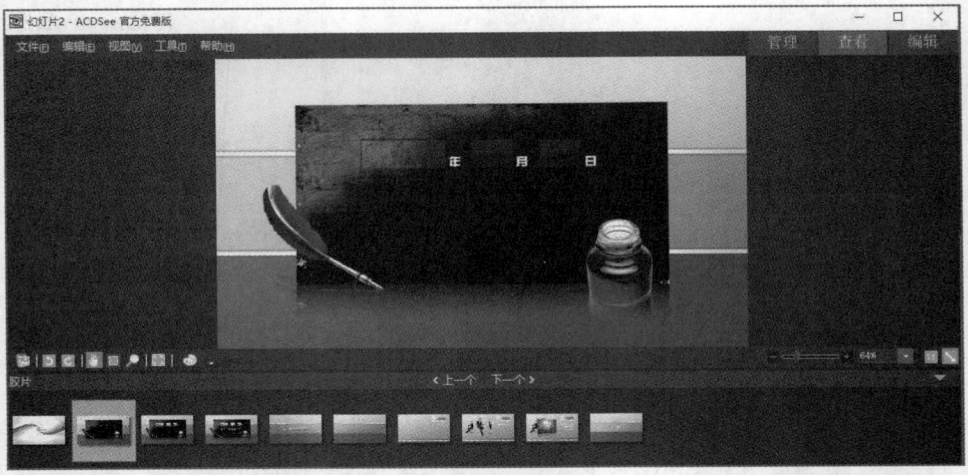

图 8-33　查看导入的图片

（3）在键盘上按<←>键或<→>键即可翻看其余图片。

任务三　使用模板批量重命名图片

将图片导入 ACDSee 后，用户可以使用模板批量为图片重新命名。具体操作步骤如下。

（1）在 ACDSee 主窗口中选中需要重命名的图片，单击“批量”后的下拉按钮，在弹出的下拉列表中选择“重命名”命令，如图 8-34 所示。

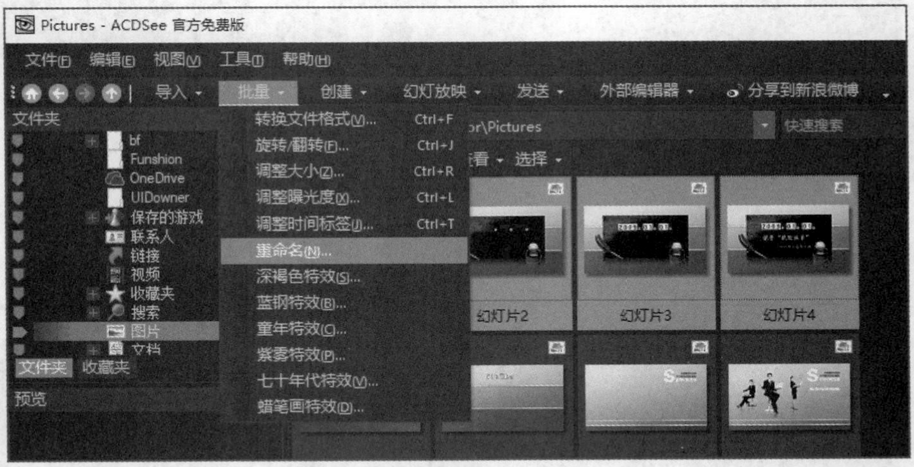

图 8-34　选择“重命名”命令

（2）在打开的“批量重命名”对话框的“模板”选项下勾选“使用模板重命名文件”复选框，然后在文本框中输入内容，如输入“文件#”，单击“开始重命名”按钮，如图 8-35 所示。

（3）软件将自动对选中的图片进行重命名，单击“完成”按钮，ACDSee 即会对图片进行重命名，如图 8-36 所示。

（4）此时即可在主窗口中看到重命名后的图片，如图 8-37 所示。

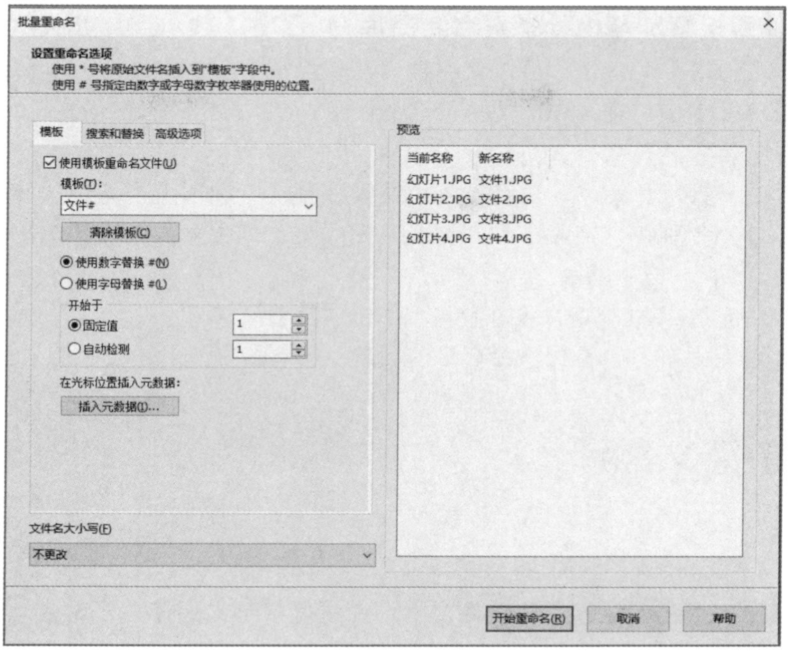

图 8-35　模板设置

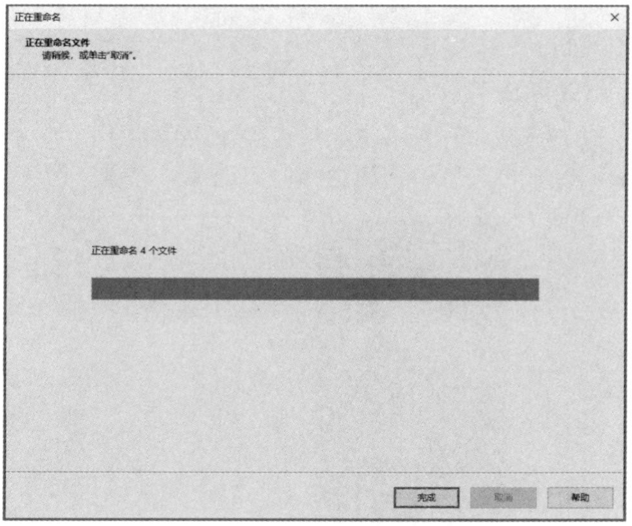

图 8-36　正在重命名

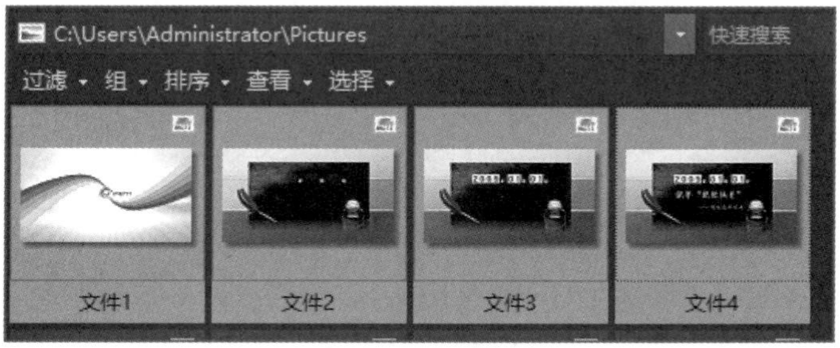

图 8-37　重命名的图片文件

任务四　使用搜索和替换批量重命名图片

将图片导入 ACDSee 后，用户可以使用搜索和替换批量重命名图片。具体操作步骤如下。

（1）在 ACDSee 主窗口中选中需要重命名的图片，单击“批量”后的下拉按钮，在弹出的下拉列表中选择“重命名”命令。

（2）在打开的“批量重命名”对话框的“搜索和替换”选项卡下勾选“使用搜索和替换重命名文件”复选框，分别在“搜索”和“替换”后的文本框中输入内容，单击“开始重命名”按钮。

（3）软件自动对选中的图片进行重命名，单击“完成”按钮。

（4）此时即可在主窗口中看到重命名后的图片。

实验四　中英文翻译

一、实验目的

掌握金山词霸的操作方法，学会使用金山词霸进行中英文翻译。

二、实验要求

按照实验步骤完成实验。

任务一　将古诗文翻译成英文

使用金山词霸可以将古诗文翻译成英文，具体操作步骤如下。

（1）双击金山词霸图标，进入金山词霸主界面，选择“翻译”选项，如图 8-38 所示。

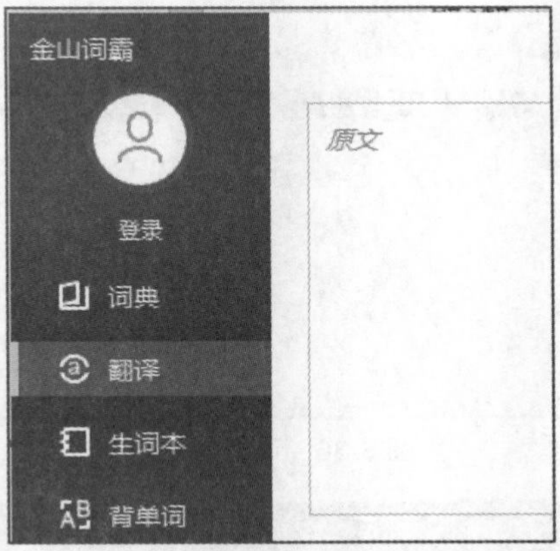

图 8-38　选择“翻译”选项

（2）在主界面右侧的文本框中输入需要翻译的古诗文，如输入“洛阳亲友如相问，一片冰心在玉壶”，如图 8-39 所示。

（3）单击文本框下的“自动检测”按钮，在弹出的列表中选择“中→英”命令，如图 8-40 所示。

（4）单击“翻译”按钮即可将古诗文翻译成英文，结果如图 8-41 所示。

图 8-39　输入翻译内容

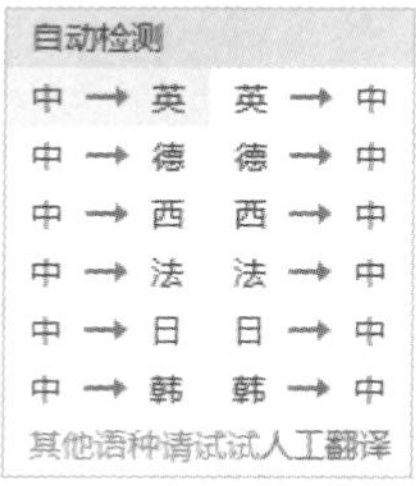

图 8-40　设置翻译语言

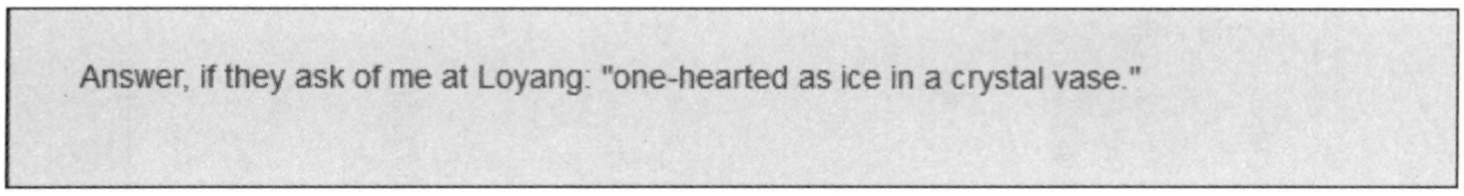
Answer, if they ask of me at Loyang: "one-hearted as ice in a crystal vase."

图 8-41　翻译结果

任务二　将英文翻译成中文

使用金山词霸可以将英文翻译成中文，具体操作步骤如下。

（1）双击金山词霸图标，进入金山词霸主界面，选择“翻译”选项。

（2）在文本框中输入需要翻译成中文的英文内容，如图 8-42 所示。

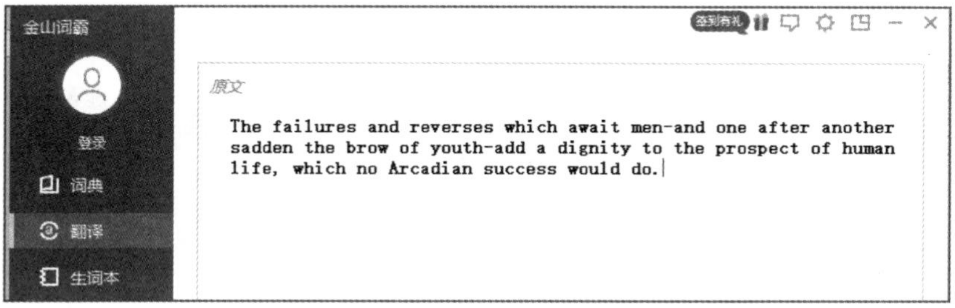

图 8-42　输入内容

（3）单击文本框下的“自动检测”按钮，在弹出的列表中选择“英→中”命令。

（4）单击“翻译”按钮即可将英文翻译成中文，结果如图 8-43 所示。

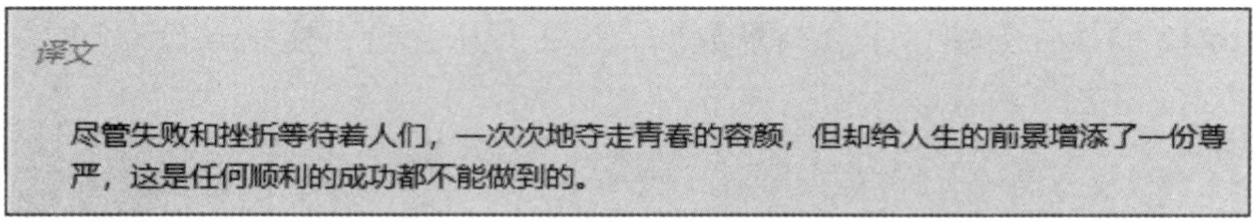
译文
尽管失败和挫折等待着人们，一次次地夺走青春的容颜，但却给人生的前景增添了一份尊严，这是任何顺利的成功都不能做到的。

图 8-43　翻译结果

任务三　快速查询

用户还可以使用金山词霸快速查询词语或句子的翻译和例句等结果，具体操作步骤如下。

（1）双击金山词霸图标，进入金山词霸主界面，在文本框中输入需要查询的内容，如输入“world”，如图 8-44 所示。

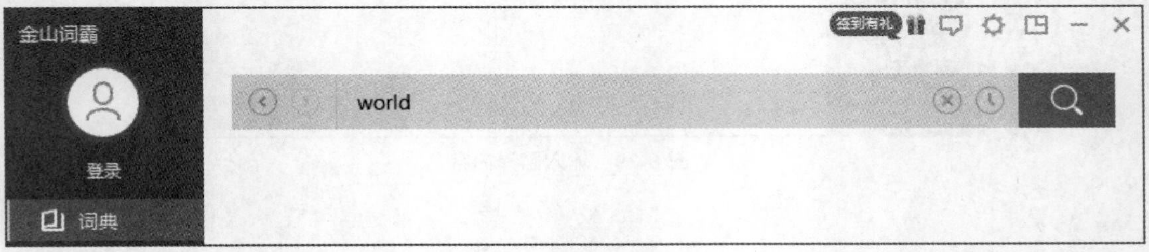

图 8-44　输入查询内容

（2）单击查询按钮 或按<Enter>键，窗口中会出现查询结果，如图 8-45 所示。

图 8-45　查询结果

实验五　数据刻录

一、实验目的

掌握 Nero 12 的操作方法，学会刻录数据光盘、音乐光盘、视频光盘等。

二、实验要求

按照实验步骤完成实验。

任务一　刻录数据光盘

（1）使用 Nero 12 可以将文件刻录成数据光盘，首先要导入文件，具体操作步骤如下。

① 双击 Nero 12 图标，启动 Nero 12，选择“Nero Burning ROM”选项，如图 8-46 所示。

图 8-46　选择“Nero Burning ROM”选项

② 在打开的“新编辑”对话框的左侧窗口中选择“CD-ROM（UDF）”选项，单击“新建”按钮，如图 8-47 所示。

图 8-47　“新编辑”对话框

③ 在打开的“UDF1- Nero Burning ROM”对话框的“文件浏览器”栏下选择需要刻录的

文件，将其拖到“光盘内容”栏，即可完成导入，如图 8-48 所示。

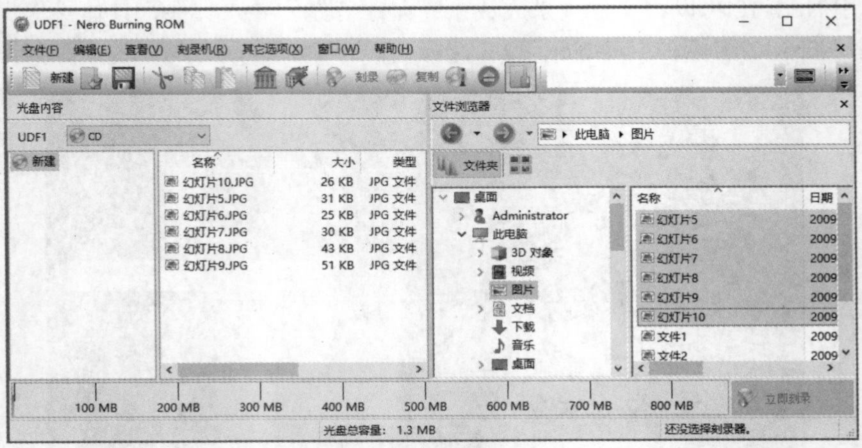

图 8-48　选择导入内容

（2）导入文件后，可以选择刻录器进行刻录，具体操作步骤如下。

① 单击“立即刻录”按钮，打开“选择刻录器”对话框，选择刻录器，单击“确定”按钮，如图 8-49 所示。

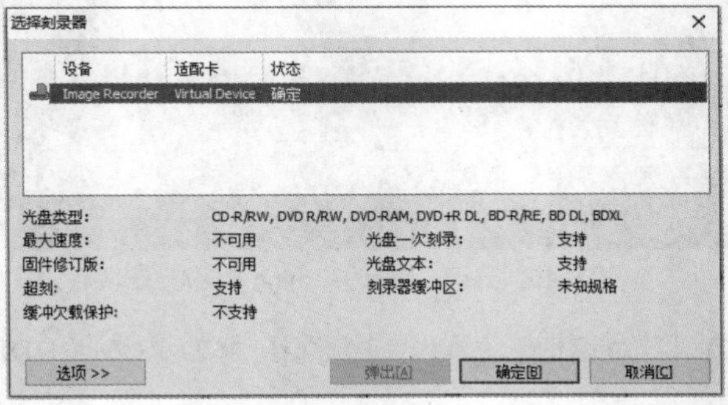

图 8-49　选择刻录器

② 系统会自动进行刻录前的检查，如图 8-50 所示，检查完成后开始刻录。

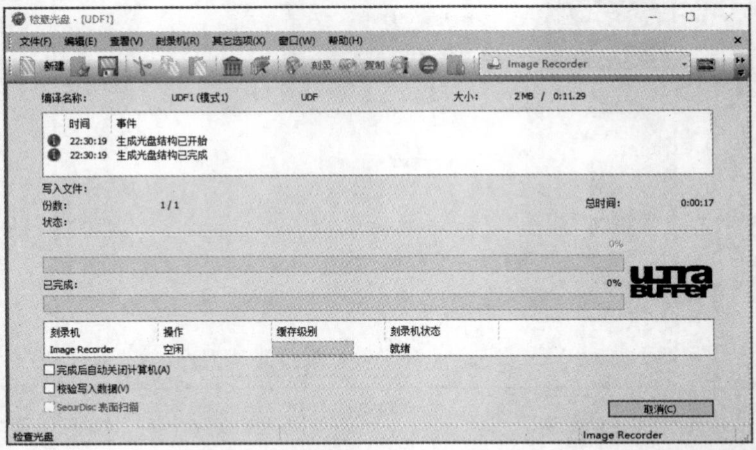

图 8-50　刻录检查

③ 刻录完成后弹出图 8-51 所示的提示窗口，单击“确定”按钮即可。常见类型的文件均可使用此方法刻录成数据光盘。

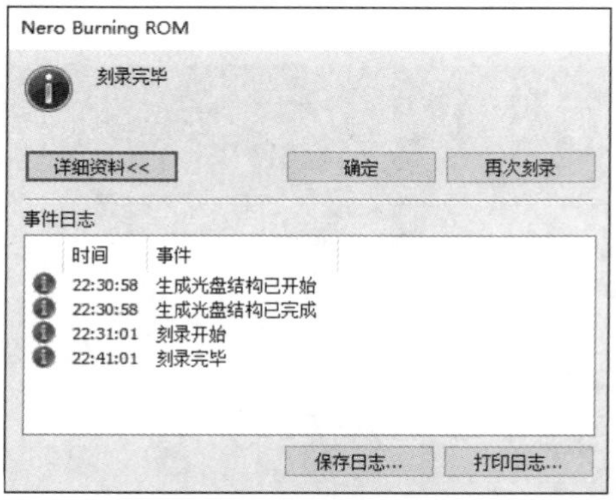

图 8-51　完成提示

任务二　刻录音乐光盘

使用 Nero 12 可以将音乐文件刻录为音乐光盘，具体操作步骤如下。

（1）双击 Nero 12 图标，启动 Nero 12，选择“Nero Burning ROM”选项。

（2）在打开的“新编辑”对话框的左侧窗口选择“音乐光盘”选项，单击“新建”按钮，如图 8-52 所示。

图 8-52　选择“音乐光盘”选项

（3）在打开的对话框的“文件浏览器”栏下选择需要刻录的文件，将其拖到“光盘内容”栏。

（4）单击“立即刻录”按钮，打开“选择刻录器”对话框，选择刻录器，单击“确定”按钮。

（5）此时系统会自动进行刻录前的检查，检查完成后开始刻录。

（6）刻录完成后弹出提示窗口，单击“确定”按钮即可。

任务三 刻录视频光盘

在 Nero 12 中，用户可以将视频文件刻录为视频光盘，具体操作步骤如下。

（1）双击 Nero 12 图标，启动 Nero 12，选择“Nero Video”选项，如图 8-53 所示。

图 8-53 选择“Nero Video”选项

（2）在打开的“Nero Video”窗口的“创建和导出”栏下选择“视频光盘”选项，如图 8-54 所示。

图 8-54 选择“视频光盘”选项

（3）在打开的“目录”窗口右侧单击“导入”按钮，选择导入的文件。此时在“创建和排列项目的标题”栏下可以看到导入的视频文件，然后单击“下一步”按钮，如图 8-55 所示。

图 8-55　选择文件

（4）在“编辑菜单”窗口的右侧单击“模板”选项，选择“老电影”模板，单击“下一步”按钮，如图 8-56 所示。

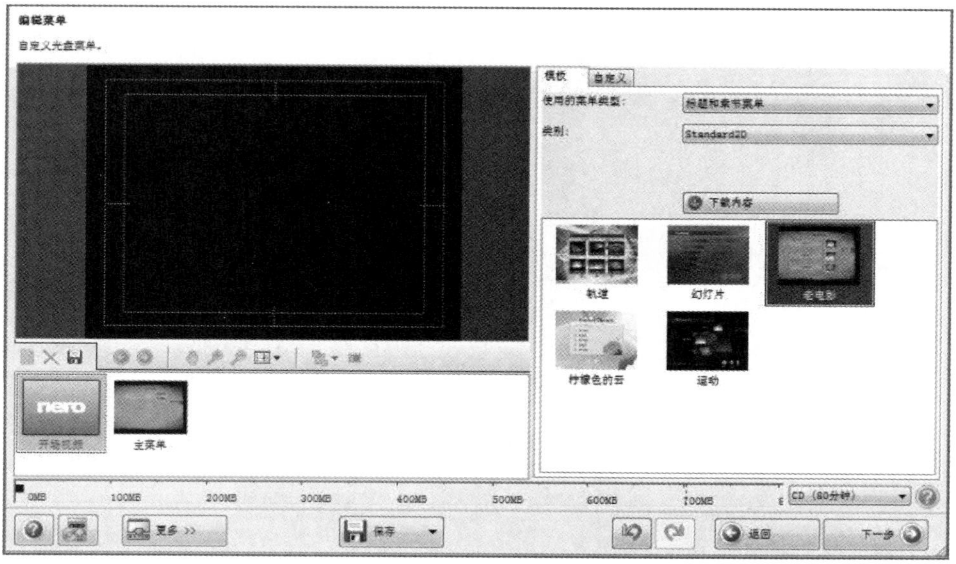

图 8-56　选择模板

（5）此时即可在“预览”窗口中看到选择的模板，单击“下一步”按钮完成选择，如图 8-57 所示。

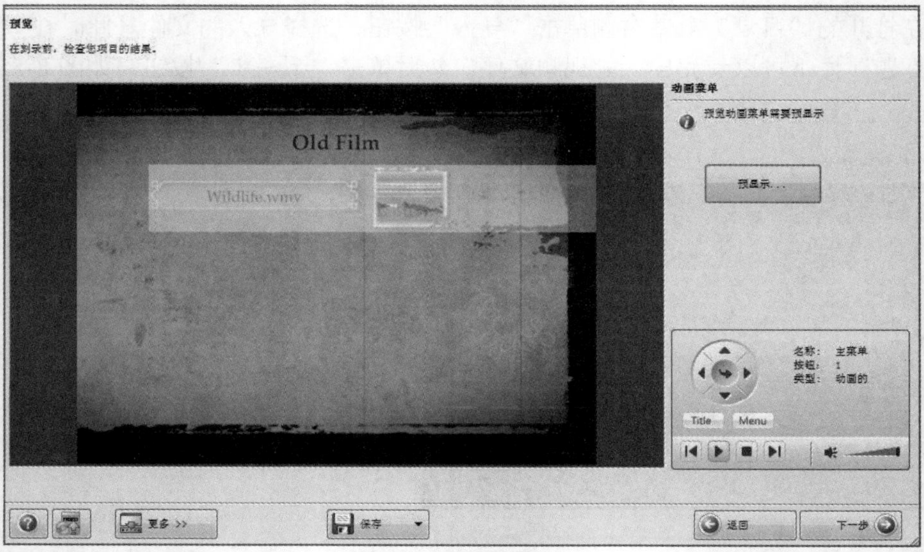

图 8-57　完成选择

（6）单击“刻录选项”窗口右下角的“刻录”按钮即可开始刻录，如图 8-58 所示。

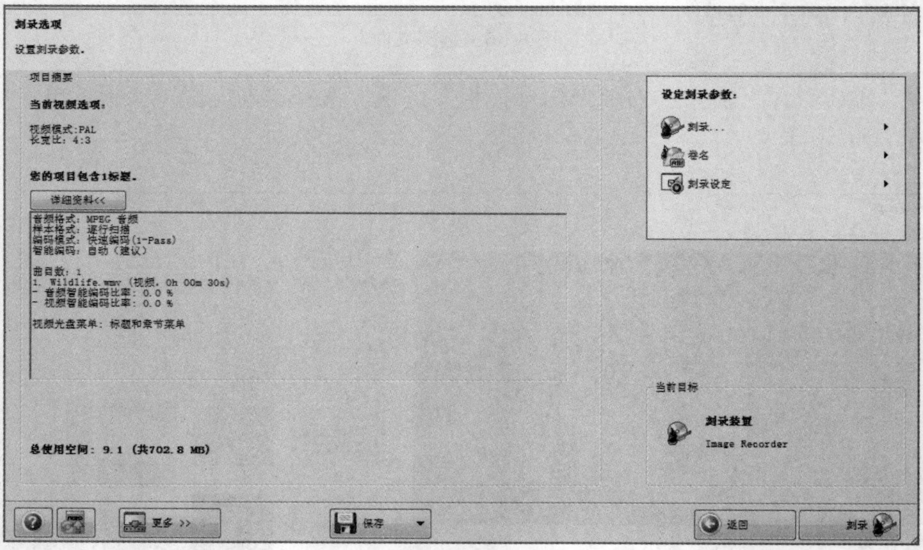

图 8-58　开始刻录

（7）刻录完成后弹出提示窗口，单击“确定”按钮即可。